C++程序设计教程

主　编　何银川　邓任锋
副主编　梁炖君　梁　剑
编　者　周　翔　于丽萍

華中科技大學出版社
http://www.hustp.com
中国·武汉

内 容 简 介

本书主要介绍了数据类型、运算符和表达式、变量定义、顺序结构、选择结构、循环结构、数组、函数、结构体、指针、共用体、类、对象、构造函数、析构函数、运算符重载、继承派生、多态、虚函数、输入输出流、异常处理等核心知识，根据知识点划分为 13 章。

本书适合零基础的学生，建议从第 1 章开始从前往后学习，授课 96 学时，同时适合学习过"C 语言程序设计"课程的学生，建议从第 8 章开始学习，授课 48 学时；也可以作为职业培训机构的培训教材。

图书在版编目(CIP)数据

C＋＋程序设计教程/何银川，邓任锋主编. —武汉：华中科技大学出版社，2018.7
ISBN 978-7-5680-4228-4

Ⅰ. ①C… Ⅱ. ①何… ②邓… Ⅲ. ①C＋＋语言-程序设计-教材 Ⅳ. ①TP312.8

中国版本图书馆 CIP 数据核字(2018)第 164548 号

C＋＋程序设计教程 何银川 邓任锋 主 编

C＋＋ Chengxu Sheji Jiaocheng

策划编辑：钱 坤 杨 玲
责任编辑：余 涛
封面设计：秦 茹
责任校对：张会军
责任监印：周治超
出版发行：华中科技大学出版社(中国·武汉) 电话：(027)81321913
武汉市东湖新技术开发区华工科技园 邮编：430223
录 排：华中科技大学惠友文印中心
印 刷：武汉科源印刷设计有限公司
开 本：710mm×1000mm 1/16
印 张：14.25
字 数：285 千字
版 次：2018 年 7 月第 1 版第 1 次印刷
定 价：32.00 元

前　　言

C＋＋语言是目前最常用的面向对象程序设计语言，既继承了C语言面向过程程序设计语言的特点，又新增了面向对象的知识，如类、对象、继承、派生、模板、异常处理等。鉴于C＋＋语言具有高效、灵活、易学等特点，它已成为程序开发中广泛使用的语言。

高职院校普遍在大一上学期先开设“C语言程序设计”课程，然后在大一下学期开设“C＋＋程序设计”课程。广东酒店管理职业技术学院多位计算机教师根据多年的教学和软件开发经验，大胆进行了教学改革，把“C语言程序设计”和“C＋＋程序设计”这2门课程，合并为1门课程，设计教学总学时为96学时。

本书主要介绍了数据类型、运算符和表达式、变量定义、顺序结构、选择结构、循环结构、数组、函数、结构体、指针、共用体、类、对象、构造函数、析构函数、运算符重载、继承派生、多态、虚函数、输入/输出流、异常处理等核心知识。根据知识点将全书划分为13章，建议的学时分配如下：

章　　节	学时分配
第1章　C＋＋程序设计基础	2
第2章　基本数据类型	6
第3章　程序控制结构	8
第4章　数组	8
第5章　函数	8
第6章　指针与引用	8
第7章　构造数据类型	8
第8章　类和对象	12
第9章　类的继承与派生	10
第10章　虚函数和多态	8
第11章　运算符重载	6
第12章　C＋＋输入/输出流	6
第13章　C＋＋异常处理	6
合计	96

本书由何银川提出编写计划和结构安排，其中何银川完成第2～5章、第7章，

邓任锋完成第 6 章、第 8～9 章，梁炖君完成第 11～13 章，梁剑完成第 10 章，周翔完成第 1 章，于丽萍完成全部课后习题答案的校对工作，最后由何银川统稿和审核。

对于零基础的学生，建议从第 1 章开始从前往后学习，授课 96 学时；对于学习过“C 语言程序设计”课程的学生，建议从第 8 章开始学习，授课 48 学时；本书也可以作为职业培训机构的培训教材。

本书编写过程中参阅了众多的《C++语言程序设计》教材，在此，我们向这些作者表示衷心的感谢。由于作者的水平和时间有限，本书难免存在疏漏之处，恳请读者批评指正。如需要教学用 PPT 及课后习题答案，或对本书有任何建议，请发邮件：739278072@qq. com。

编者

2018. 5

目　　录

第1章　C++程序设计基础

C++语言从C语言发展而来，保留了C语言简洁、高效的特点，同时对C语言的数据类型进行了改革和扩充，修补了C语言中的一些漏洞，提供了更好的类型检查和编译时的分析，改善了C语言的安全性。

C++语言是一种应用较广的面向对象的程序设计语言，使用它可以实现面向对象的程序设计。C++语言引入了类，增加了面向对象的机制，包括封装、继承、多态、模板、异常处理等。封装是将每一个数据封装在各自的类中，并设置了多种访问权限，其他类在允许的情况下才可以访问该类的数据，在不允许的情况下则不能访问，从而避免了非法操作的可能性。继承则用新声明的类继承一个基类，并有选择地继承基类中的成员。多态是指不同对象调用具有相同名称的函数时出现不同行为或者结果的现象。模板是把类型定义为参数，从而实现了真正的代码可重用性。异常处理是指程序开发中，对可能发生的异常情况采用相应的解决措施，避免异常发生从而造成的损失。

1.1　计算机程序设计语言的发展

语言是思维的工具，思维是通过语言来表达的。计算机程序设计语言是计算机可以识别的语言，用于描述解决问题的方法，供计算机阅读和执行。

1.1.1　机器语言与汇编语言

自从1946年2月世界上第一台数字电子计算机ENIAC诞生以来，在短暂的70多年时间里，计算机科学得到了迅猛发展，计算机已成为信息化社会中不可缺少的工具。

计算机硬件系统可以识别二进制指令组成的语言称为机器语言。毫无疑问，虽然机器语言便于计算机识别，但对人类来说却是晦涩难懂，更难以记忆。

紧接着，又出现了汇编语言，机器指令变为一些可以被人读懂的助记符号，如ADD、SUB等英文符号。此时编程语言与人类自然语言间的鸿沟略有缩小，但仍与人类的思维相差甚远。尽管如此，从机器语言到汇编语言，仍是一大进步。

1.1.2 高级语言

高级语言的出现是计算机编程语言的一大进步。它屏蔽了机器的细节，提高了语言的抽象层次，程序中可以采用具有一定含义的数据命名和容易理解的执行语句。20世纪60年代末开始出现结构化编程语言进一步提高了语言的层次，但结构化编程语言和面向对象语言之间仍有不小的差距。主要问题是程序中的数据和操作分离，不能够有效地组成与自然界中的具体事物紧密对应的程序成分。本书介绍的C++语言也是高级语言，但它与其他面向过程的高级语言有根本的不同。

1.1.3 面向对象的语言

面向对象的编程语言与以往各种编程语言的根本不同点在于，它设计的出发点就是为了能更直接地描述客观世界中存在的事物(即对象)以及它们之间的关系。

开发一个软件是为了解决某些问题，这些问题所涉及的业务范围称为该软件的问题域。面向对象的编程语言将客观事物看作是具有属性和行为(或称服务)的对象，通过抽象找出同一类对象的共同属性(静态特征)，进而形成类。通过类的继承与多态可以很方便地实现代码重用，大大缩短了软件开发周期，并使得软件风格统一。因此，面向对象的编程语言使程序能够比较直接反映问题域的本来面目，软件开发人员能够利用人类认识事物所采用的一般思维方法进行软件开发。

1.2 C++程序设计的基本结构

下面通过几个实例首先介绍C++程序的基本组成结构，并对其中的源代码进行解析，来了解程序的基本结构。

例1-1 在屏幕上输出一行字符“Welcome to beijing”并换行。

```
#include<iostream>                            //这是编译预处理指令
using namespace std;
int main()                                    //函数开始的标志
{
    cout<< "Welcome to beijing"<< endl;   //在屏幕上输出一行信息
    return 0;
}                                             //函数结束
```

程序运行结果如下：

```
Welcome to beijing
```

程序分析如下：

(1) 每一个C++程序必须有且仅有一个main函数(主函数)。

(2) 无论main函数写在程序中的任何位置,程序总是从main函数开始执行。

(3) { }括起来的内容是函数体,函数体为空时称为空函数。

(4) cout是C++系统定义的对象名,实际为输出流对象。而要使用cout对象,必须在程序开头部分使用:#include<iostream>　using namespace std;或2行语句合并为一行:#include<iostream.h>。由于C++标准已经明确提出不支持扩展名为.h的头文件,建议使用上述案例中分为2行的格式。

(5) //后面的内容,为注释语句,这种注释方式只能注释一行代码。/**/中的内容也为注释,这种注释方式,可以注释多行代码。C++中的语句以分号结束。

(6) 程序第5行endl为换行,相当于"\n"。

(7) 程序第6行return 0,因0是整型,所以main前面是int。

例1-2　求3个整数的和。

```
#include<iostream>
using namespace std;
int main( )
{
    int x,y,z,sum;          //定义4个整型变量
    cin>>x>>y>>z;           //随机输入3个数据,存入x,y,z 3个变量当中
    sum=x+y+z;              //计算3个变量的和,把和存入sum变量之中
    cout<<sum<<endl;            //输出sum变量的值
    return 0;
}
```

程序运行结果如下：

```
5 6 7
18
```

程序分析如下：

(1) 程序第5行定义了4个整型变量,并在内存当中分配存储空间。

(2) 程序第6行为变量x,y,z进行逐个赋值。

(3) 程序第7行为计算3个变量的和并把结果存入变量sum中。

(4) 程序第8行在屏幕上输出sum变量的值并换行。

1.3　运行C++程序的步骤与方法

计算机不能直接识别和执行用高级语言编写的指令,必须用编译程序(也称编

译器)把 C++源程序翻译成二进制形式的目标程序,然后再将该目标程序与系统的函数库以及其他目标程序连接起来,形成可执行的目标程序。

在编写好一个 C++源程序后,怎样上机进行编译和运行呢?一般要经过以下几个步骤:

(1) 上机输入和编辑源程序。

(2) 对源程序进行编译。

(3) 进行连接处理。

(4) 运行可执行程序,得到运行结果。

1.4 Visual C++6.0 开发环境

C++的开发工具有很多,如 Turbo C++、VS、VC++等。本书采用 VC++ 6.0英文版作为开发工具。在 VC++ 6.0 中开发 C++程序通常要经过编辑、编译、连接、执行四大步骤。

1.4.1 启动并进入 Visual C++ 6.0 的开发环境

(1) 通过"开始"→"程序"→"Microsoft Visual C++ 6.0",进入 Microsoft Visual C++ 6.0 集成开发环境窗口,其窗口样式如图 1-1 所示。

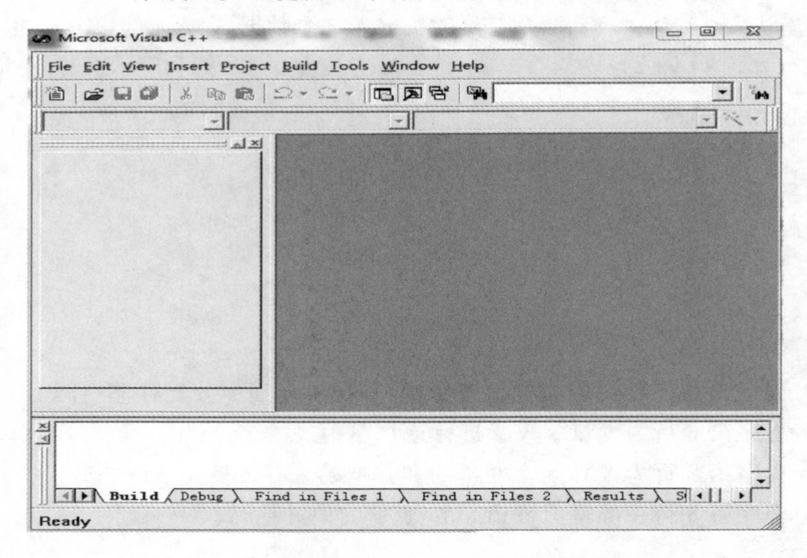

图 1-1 启动并进入 VC++ 6.0 开发环境

窗口概括来说可分为 4 部分。上部:菜单和工具栏;中左:工作区显示窗口,主要显示处理过程中与项目相关的各种文件等信息;中右:视图区,是显示和编辑程序文件的操作区;下部:输出窗口区,程序调试过程中,进行编译、连接、运行时输出的相关信息将在此处显示。

(2) 选择“File”菜单下的“New”项,会出现一个选择界面,在属性页中选择“Projects”标签后,会看到17种工程类型,选择其中的一种:“Win32 Console Application”,然后在右上方的“Location”文本框和“Project name”文本框中输入工程存放的磁盘位置和工程名称,界面如图1-2所示。

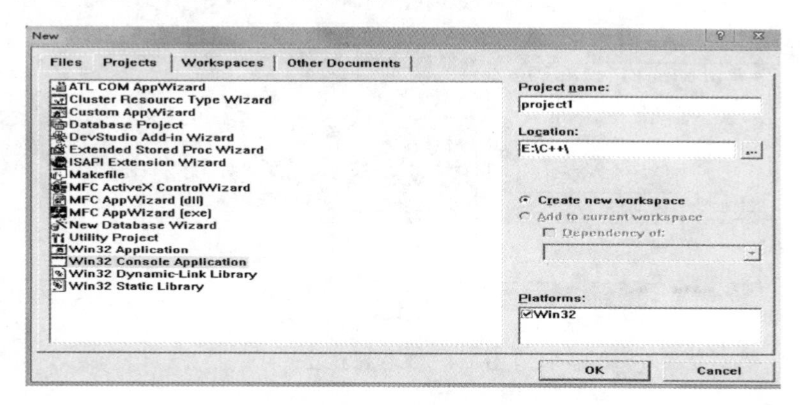

图1-2　建立工程

(3) 单击“ok”按钮进入下一个选择界面。这个界面是让用户选择要创建一个什么类型的工程,其界面如图1-3所示。

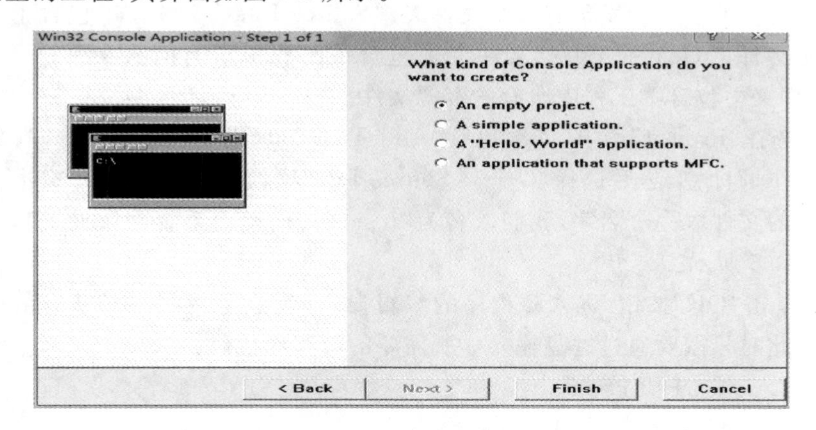

图1-3　工程类型选择

若选择“An empty project”项将生成一个空的工程,工程内不包含任何内容;若选择“A simple application”项将生成包含一个空的main函数和一个空的头文件的工程;选项“A ‘Hello,World!’ application”与选项“A simple application”没有什么本质的区别,这个工程只是包含有显示出“Hello World!”字符串的输出语句;若选择"An application that supports MFC"项,可以利用 VC++ 6.0 所提供的类库来进行编程。在此我们选择"An empty project"项,从一个空的工程开始我们的编程工作。

(4) 单击"Finish"按钮,就进入了真正的编程环境,界面如图 1-4 所示。

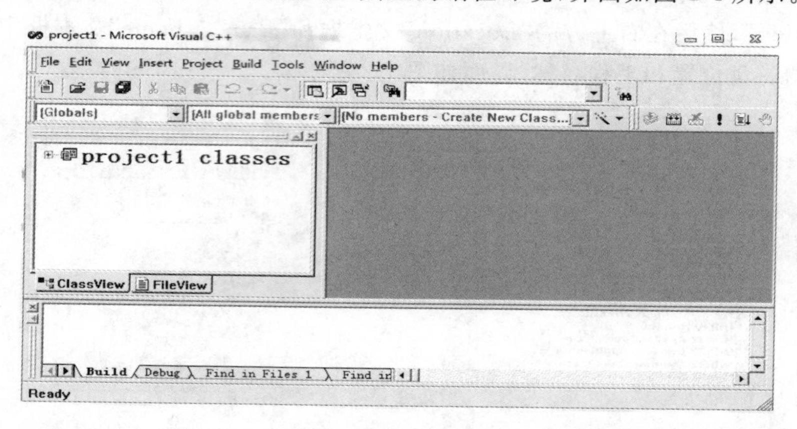

图 1-4　工程已建立

注意屏幕左侧的"Workspace"窗口,该窗口中有两个标签,一个是"ClassView",另一个是"FileView"。"ClassView"中列出的是这个工程中所包含的所有类的有关信息,"FileView"中列出的是这个工程所包含的所有文件信息,单击"+"图标打开对应的层次会发现有 3 个文件夹:"Source Files"文件夹中包含了工程中所有的源文件;"Header Files"文件夹中包含了工程中所有的头文件;"Resource Files"文件夹中包含了工程中所有的资源文件。

(5) 选择"Project"菜单,依次执行"Add To Project"→"New"命令,在属性页中选择"Files"标签,然后选择"C++ Source File"项,在右侧的"File"文本框中为将要生成的文件取一个名字,我们取名为"test"(其他遵照系统默认设置),此时的界面如图 1-5 所示。

(6) 单击"OK"按钮,进入源程序的编辑窗口(注意呈现"闪烁"状态的输入位置光标),此时只需要通过键盘输入你所需要的源程序代码:

```
#include<iostream>
using namespace std;
void main()
{
  cout<<"Hello World!"<<endl;
}
```

可通过"Workspace" 窗口中的"FileView"标签,看到"Source Files"文件夹下

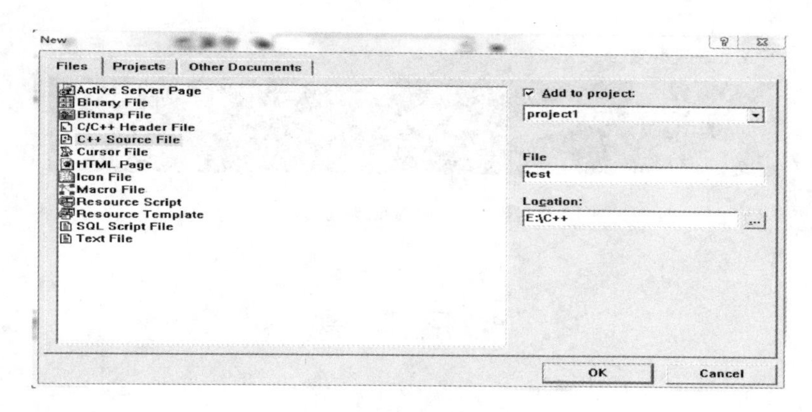

图 1-5 新建文件

文件“test.cpp”已经被加了进去,此时的界面如图 1-6 所示。

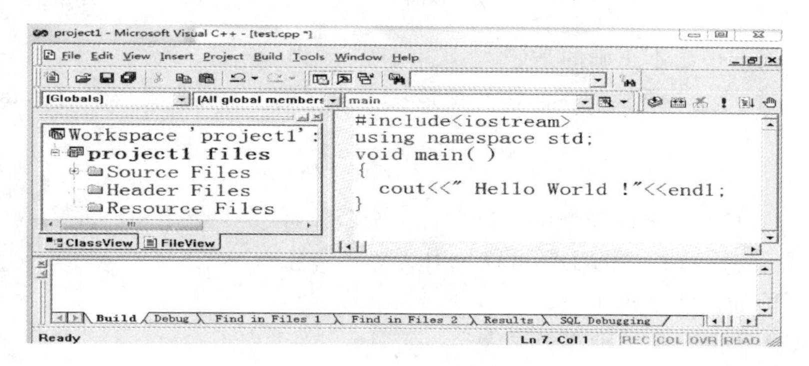

图 1-6 文件视图

(7) 选择“Build”→“Compile”对程序进行编译。若编译中发现错误(error)或警告(warning),将在“Output”窗口中显示出它们所在的行以及具体的出错或警告信息,可以通过这些信息的提示来纠正程序中的错误或警告。当没有错误与警告出现时,“Output”窗口所显示的最后一行应该是:“test.obj—0 error(s), 0 warning(s)”。

编译通过后,可以选择“Build”菜单下的第二项“Build”命令来生成可执行程序。在连接中出现的错误也将显示到“Output”窗口中。连接成功后,“Output”窗口所显示的最后一行应该是:“project1.exe—0 error(s), 0 warning(s)”。

选择“Build”菜单下的“Execute”命令,将运行已经编好的程序,执行后会出现一个结果界面,如图 1-7 所示,其中的“Press any key to continue”是由系统产生的,使得用户可以浏览输出结果,直到按下了键盘上的任一个按键时为止。

(8) 至此已经创建并运行(执行)了一个完整的程序。此时应依次执行“File”→“Close Workspace”命令,待系统询问是否关闭所有的相关窗口,单击“OK”按钮,则结束了一个程序从输入到执行的全过程。

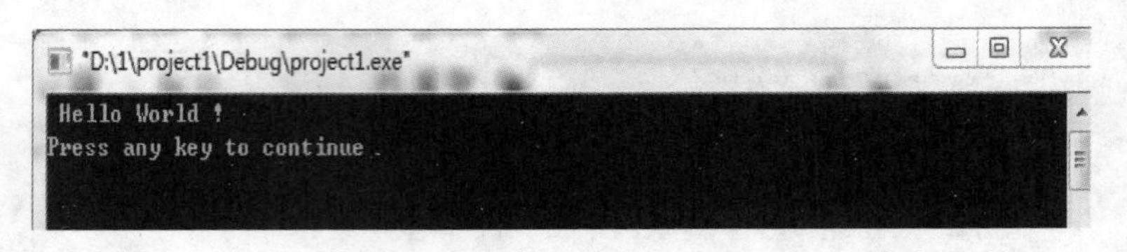

图 1-7　执行结果显示

课后习题

一、选择题

1. C++语言的基本单位是(　　)。

A. 函数　　B. 过程　　C. 子程序　　D. 子函数

2. 下面的说法不正确的是(　　)。

A. 一个 C++语言程序的执行总是从该程序的 main 函数开始,在 main 函数中结束

B. main 函数必须写在一个 C++语言程序的最前面

C. 一个 C++语言程序可以包含若干个函数,但是只能有一个主函数(main)

D. C++语言程序的注释可以是中文文字信息

3. 下面的说法不正确的是(　　)。

A. C++语言是一种高级语言

B. C++语言的文件扩展名是.CPP

C. 顺序结构、选择结构和循环结构之外再没有其他程序结构

D. 算法可以没有输出

4. 决定 C++语言中函数的返回值类型的是(　　)。

A. return 语句中的表达式类型

B. 调用该函数时系统随机产生的类型

C. 调用该函数时的主调用函数类型

D. 在定义该函数时所指定的数据类型

5. 编写 C++程序一般需经过的几个步骤依次是(　　)。

A. 编辑、调试、编译、连接　　B. 编辑、编译、连接、运行

C. 编译、调试、编辑、连接　　D. 编译、编辑、连接、运行

6. 每个 C++程序都必须有且仅有一个(　　)。

A. 函数　　B. 预处理命令　　C. 主函数　　D. 语句

7. 下列各种高级语言中,(　　)是面向对象的程序设计语言。

A. Basic　　B. Pascal　　C. C++　　D. Ada

二、填空题

1. 表达式 cout<<endl 还可表示为________。

2. C++语言程序注释是由________或________所界定的文字信息组成的。

3. C++源程序文件的扩展名是________。

4. 每个 C++程序从________函数开始执行，每个函数体以________开始，以________结束。

5. C++语言中使用________作为一条语句的结束符。

第2章　基本数据类型

C＋＋语言有多种数据类型，分为基本数据类型和复合数据类型。本章主要讲解基本数据类型，复合数据类型将在第7章讲解。本章还讲解常量和变量，以及运算符和表达式。

2.1　数据类型的分类

C＋＋语言的数据类型分为基本数据类型和复合数据类型两大类。其中，基本数据类型包括12种，该类型的数据不能修改；复合数据类型可以由简单的数据类型组合而成（如数组），也可以根据需要自行定义（如继承类和接口）。C＋＋基本数据类型如表2-1所示。

表2-1　C＋＋基本数据类型

数据类型	空间/B	取值范围
布尔型（bool）	1	false或true
有符号字符型（char或signed char）	1	－128～127
无符号字符型（unsigned char）	1	0～255
有符号短整型（short或short int）	2	－32768～32767
无符号短整型（unsigned short或unsigned short int）	2	0～65535
有符号整型（int或signed int）	4	$-2^{31}\sim(2^{31}-1)$
无符号整型（unsigned或unsigned int）	4	$0\sim(2^{32-1})$
有符号长整型（long或long int或signed long int）	4	$-2^{31}\sim(2^{31}-1)$
无符号长整型（unsigned long或unsigned long int）	4	$0\sim(2^{32}-1)$
浮点型（float）	4	$3.4\times10^{-38}\sim3.4\times10^{38}$
双精度型（double）	8	$1.7\times10^{-308}\sim1.7\times10^{308}$
长双精度型（double）	8	$1.7\times10^{-308}\sim1.7\times10^{308}$

说明：ISO C＋＋标准并没有明确规定每种数据类型的字节数和取值范围，只是规定它们之间的字节数大小顺序，因此不同的编译器对此会有不同的实现。

2.2 常　　量

常量是在程序执行过程中不能被修改的值，分为字面常量和符号常量。字面常量的类型是根据书写形式来区分的，如1、2.3、-4.5、'h'、"C++"等都是字面常量。符号常量是一个标识符，代指某一个常量。

2.2.1 整型常量

整型常量按进制分为以下三种形式。

(1) 十进制数：以正号(+)或负号(-)开头，以首位非零的一串数字组成，如1、-2等。

(2) 八进制数：以数字0开头，后面跟一串数字(数字只能取0～7之间的数字)，如0123表示十进制数83。

(3) 十六进制数：以数字0和字母x(或X)开头，后面接一串数字(数字只能取0～9之间的数字，字母A～F或a～f)，如0X23、0X2A4，对应十进制整数依次为35、676。

下面的形式是错误的：

079，因为9不在八进制的基数范围内。

2.2.2 浮点型(实型)常量

C++的实型常量表示形式有2种：float和double，默认实型常数为double型，即1.25相当于1.25d或1.25D，如果要表示float型，要在数字后加f或F，如1.23F。

(1) 十进制数表示形式：1.23、1.23d、1.23F等。

(2) 科学计数法表示形式：1.2e2或1.2e+2，相当于1.2×10^2，其中1.2为数字部分，2是指数部分。C++用字母e(或E)表示其后的数是以10为底的幂，如e2相当于10^2，同时C++规定e或E之前必须有数字，且后面的指数必须为整数。

2.2.3 字符型常量

字符型常量都是用单引号括起来的单个字符，而不是使用双引号。双引号用来表示字符串，如'k'和"k"，前者代表字符k，后者代表字符串包含字符k，两者含义不同。某些不能用引号括起来直接表示的字符，可以使用转义字符'\'来实现，如用'\'来代表单引号本身。此外，还可以后跟1～3个八进制数，如'\141'代表字符'a'，C++预定义的转义字符如表2-2所示。

表 2-2　C++预定义的转义字符

转义字符	描　述	转义字符	描　述
\ddd	1～3 位八进制数表示的字符	\xhh	1～2 位十六进制数表示的字符
\'	单引号	\"	双引号
\r	回车,将当前位置移到本行开头	\\	反斜线
\n	换行,将当前位置移到下一行开头	\b	退格,将当前位置移到前一列
\t	水平制表位(跳到下一个 Tab 位置)	\v	垂直制表符(竖向跳格)
\f	换页,将当前位置移到下页开头	\a	响铃

说明:转义字符在内存中以 ASCII 码的形式存储,每个转义字符只代表一个字符,在内存中只占 1 个字节。

2.2.4　字符串常量

字符串常量是用一对双引号括起来的字符序列。例如,"guangjiu""he yin chuan"等都是字符串常量。字符串在内存中的存放形式,是按串中字符的排列次序顺序存放,每个字符占一个字节,并在末尾添加'\0'作为结尾标记。

2.2.5　布尔常量

布尔常量只有两个:true(真)和 false(假)。

2.3　变　　量

2.3.1　标识符

标识符是对变量、数组名、函数名、类和对象等的命名标志,在 C++语言中,标识符的命名规则如下:

(1) 只能由字母、数字或下划线"_"组成,且不能是关键字。

(2) 首字符不能是数字,首字母只能是字母或下划线。

(3) 大小写敏感;大写和小写代表不同的标识符,同时一般用小写字母表示变量名。

(4) 没有长度限制,但有的系统只取前 32 个字符,建议命名时不超过 32 个字符。

下面举例说明 C++语言中标识符的使用规则。

(1) 合法标识符:

```
char a_3;float _var3;
```

```
double money;
```

(2) 不合法的标识符:

```
int 3a;(不能以数字开头)
char abc- 8;(下划线"_"可以,但横线"- "不可以做标识符字符)
char p3@ ;(有非法字符)
int for;(不能是关键字)
```

2.3.2　关键字

C++语言本身保留了一些特殊的标识符,称为保留字或关键字,关键字有着特定的语法含义,有不同的使用目的,它们不允许被定义为普通的标识符。C++中的关键字都用小写字母表示。表2-3列出了C++语言中使用的关键字。

表2-3　C++语言的关键字

asm	auto	bool	break	case	catch	char
class	const	const_cast	continue	default	delete	do
double	dynamic_cast	else	enum	explicit	export	extern
false	float	for	friend	goto	if	inline
int	long	mutable	namespace	new	operator	private
protected	public	register	reinterpret_cast	return	short	signed
sizeof	static	static_cast	struct	switch	template	this
throw	true	try	typedef	typeid	typename	union
unsigned	using	virtual	void	volatile	wchar_t	while

2.3.3　变量的定义

变量是在程序执行过程中根据需要经常变化的值,可以为每个变量指定名称以便编译器可唯一标识。

变量具有以下三个特性。

(1) 名称:标识符。

(2) 初始值:为其赋值或者是保留缺省值。

(3) 作用域:在不同程序块中的可用性及生命周期。

C++语言规定变量要先定义后使用,目的是为变量分配空间,同时为了编译时进行与操作相关的语法检查。变量定义的语法格式如下:

[〈存储修饰符〉]〈数据类型〉〈变量名1〉[=初始值1],…,〈变量名n〉[=初始值n];

其中,方括号表示可选项,尖括号表示必选项,〈变量名〉要符合前面讲过的标识符命名规则。

例如:

```
int i;
i=8;//先定义整型变量 i,再给 i 赋初值为 8
```

同时上面 2 条语句也可以写作 int i=8;这种在定义变量的同时进行赋值,称为变量的初始化。

变量可分为全局变量和局部变量。全局变量是指具有类块作用域的类成员变量,局部变量是指具有方法块作用域的变量。局部变量必须初始化或赋值,否则不能使用,而全局变量的默认初始值为该变量数据类型的默认值(见表 2-4)。

表 2-4　类成员变量的默认值

类成员变量的数据类型	默　认　值
布尔类型(bool)	false
整型(int)	0
浮点型(float)	0.0
字符型(char)	'\0'

2.4　运算符和表达式

2.4.1　运算符和表达式概述

运算符是对操作数进行运算的符号。按操作符所操作的数目来分,运算符可以分为一元(单目)运算符、二元(双目)运算符和三元运算符。其中,一元运算符分为前置和后置两种。如果按照运算功能来分,运算符可以分为下面几类:

(1) 算术运算符,如+、-、*、/、%、++、--;

(2) 关系运算符,如>、<、>=、<=、==、!=;

(3) 位运算符,如>>、<<、&、|、∧、~;

(4) 逻辑运算符,如!、&&、||;

(5) 赋值运算符,如=及其扩展赋值运算符;

(6) 条件运算符,如?:;

(7) 其他运算符,如逗号运算符、指针运算符、引用运算符和地址运算符、求字节运算符、强制类型转换运算符、类或实例成员操作运算符、指向成员的运算符、下标运算符等。

本节主要讲解前 6 种运算符,其他运算符将在后续章节中逐个讲解。

表达式就是由运算符将运算对象按照一定的语法规则连接起来的式子。表达式由常量、变量、函数、运算符、括号等组成。表达式的求值顺序为：若表达式有圆括号运算符，先计算括号内的值，再计算括号外的值；若表达式有多个运算符，则按照运算符优先级顺序计算，如果优先级也相同，则按运算符的结合性进行计算。

2.4.2　算术运算符

1. 算术运算符

算术运算符分为一元运算符、二元运算符和三元运算符。一元运算符只有一个参与运算的操作数，二元运算符有两个参与运算的操作数。表 2-5 列出了算术运算符及其用途和相关说明。

表 2-5　算术运算符及其用途

运算符	用　　途	例　　子	说　　明
+,－	加、减	b=a－5	把变量 a 减去 5，结果赋值给 b
+,－	取正、取负	b=－a	把 a 取负后赋值给 b
*,/	乘、除	a=3*4/5.0	3*4 为 12，12/5.0 为 2.4，赋值给 a
%	求余	a=6%4	C++中%要求左右两侧的运算数都是整数，6%4 结果为 2，赋值给 a
++,－－	自增 1、自减 1	i++,－－j	i 先参与运算再自动加 1 赋值给自己，j 先自动减 1 赋值给自己然后参与运算

算术运算符在使用过程中易出现一些常见的错误，表 2-6 列出了常见的错误。

表 2-6　算术运算符中常见的错误

常见的错误	说　　明
`int x= 7% 3.0;`	错误，%要求左右两侧的操作数都是整数
`int x= 8/3;`	2 个整数相除，结果取整数并且不进行四舍五入运算，x 为 2 而不是 2.7
`float f= 2f+ 3.0;`	3.0 为 double 型，2f+3.0 返回值为 double 型

2. 算术表达式

用算术运算符和括号将运算对象连接起来，符合 C++语言语法规则的式子称为算术表达式。在进行算术表达式运算时，要注意算术运算符的优先级和结合性。一般情况下，算术运算符的优先级是先乘除后加减；当运算符优先级相同时，按照算术运算符“自左向右”的结合方向进行运算。

例 2-1　自增自减一元算术运算符举例。

```
int main( )
```

```
{
    int i=4,j=4,k,m;
    k=i++;    //i 的值 4 赋值给 k,然后 i 自动加 1
    m=--j;    //j 先自动减 1,然后把变化后的值赋值给 m
    cout<<"i=="<<i<<",j=="<<j<<",k=="<<k<<",m=="<<m<<endl;
    return 0;
}
```

程序运行结果如下：

```
i==5,j==3,k==4,m==3
```

2.4.3 关系运算符和关系表达式

1. 关系运算符

关系运算符主要用来比较两个运算对象的大小，C++语言中关系运算符有6种：>、<、>=、<=、==、!=，关系运算符用来把两个或者更多的运算对象连接起来，其中运算对象包含变量、常量或表达式。使用关系运算符时要注意以下两点。

(1) 前面四个运算符(>、<、>=、<=)的优先级相同，但优先级大于后面两个运算符(==、!=)。

(2) 关系运算符的结合性是“自左至右”。关系运算符的优先级比赋值运算符高，但是比算术运算符低。

2. 关系表达式

关系表达式是用关系运算符把两个或多个运算对象连接起来的表达式。运算对象包含常量、变量或者表达式。关系表达式的运行结果为逻辑值，结果为“真”或“假”两种。其中用“0”表示假，用“1”表示真。

例如：

```
a=1,b=2,c=3
a+b>2*c                //结果为“0”
a+b==c                 //结果为“1”
++a==b++               //结果为“1”
```

2.4.4 位运算符

C++的位运算符有左移位运算符<<和右移位运算符>>，位运算符的操作数为整型数据。表 2-7 列出了位运算符的用途和相关说明。

表 2-7　位运算符及其用途

<table>
<tr><th>运算符</th><th>用　途</th><th>举　例</th><th>说　明</th></tr>
<tr><td><<</td><td>按位左移</td><td>65<<2</td><td>01000001 按位左移 2 位，得 00000100</td></tr>
<tr><td>>></td><td>按位右移</td><td>65>>1</td><td>01000001 按位右移 1 位，得 00100000</td></tr>
<tr><td>～</td><td>按位取反</td><td>～65</td><td>01000001 按位取反，结果 10111110</td></tr>
<tr><td>&</td><td>按位与</td><td>65&66</td><td>01000001 和 01000010 按位与，得 01000000</td></tr>
<tr><td>|</td><td>按位或</td><td>65|66</td><td>01000001 和 01000010 按位或，得 01000011</td></tr>
<tr><td>∧</td><td>按位异或</td><td>65∧66</td><td>01000001 和 01000010 按位异或，得 00000011</td></tr>
</table>

2.4.5　逻辑运算符和逻辑表达式

逻辑运算符是用来进行逻辑运算的运算符。C++语言中逻辑运算符有!、&& 和||。运算符! 对应 NOT 运算，运算符 && 对应 AND 运算、运算符||对应 OR 运算。表 2-8 列出逻辑运算符及其用途。

表 2-8　逻辑运算符及其用途

<table>
<tr><th>运算符</th><th>用　途</th><th>举　例</th><th>说　明</th></tr>
<tr><td>!</td><td>取反运算</td><td>!(100>99)</td><td>100>99 为 true，取反后结果为 false</td></tr>
<tr><td>&&</td><td>逻辑与运算</td><td>(8>7)&&(10>36)</td><td>&& 的左侧(8>7)为真，右侧(10>36)为假，相与的结果为假</td></tr>
<tr><td>||</td><td>逻辑或运算</td><td>(3>4)||(60>50)</td><td>||的左侧(3>4)为假，右侧(60>50)为真，相或的结果为真</td></tr>
</table>

说明：(1) && 的左侧为假，右侧则不再进行计算，结果为假。

(2) ||的左侧为真，右侧则不再进行计算，结果为真。

2.4.6　赋值运算符和赋值表达式

1. 赋值运算符

赋值运算符分为"＝"号和复合赋值运算符两种。

"＝"号是最简单的赋值运算符，其左边是变量，右边是表达式，表达式的运算结果应和左边的变量类型一致，或能转换为左边变量的类型。

```
int  k=1+2;                 //正确
int  b=3.9+5;               //右值为 8.9,是 double 型,但 b 是整型,
                              取 8 赋值给 b
int  c=(int)(2.9+4);        //右值为 6.9,是 double 型,(int)(6.9)
```

强制转换为整型，所以 c 为 6

```
double  d=k+6;                //正确
```

可以看出，赋值时，应遵循数据转换规则。

赋值运算符"="还可以同其他运算符相结合，实现运算和赋值双重功能，简称复合赋值运算符。C++语言一共提供了 10 种复合赋值运算符，分别是+=、-=、*=、/=、%=、&=、|=、∧=、<<=、>>=。

2. 赋值表达式

赋值运算符将一个变量和表达式连接起来的式子就是赋值表达式。赋值表达式的一般格式是：

<变量><赋值运算符><表达式>

例如：

```
int x=8,y;   //这个赋值表达式就是将赋值号右边的 8 赋值给左边的变量 x
y=(x=6);   //x 的值为 6,y 的值也为 6,整个表达式的值也为 6
```

2.4.7　条件运算符和条件表达式

1. 条件运算符

条件运算符(?:)是 C++语言中唯一的一个三元运算符，是由问号"?"和冒号":"组成，连接三个运算对象，用来在两个表达式中选择一个表达式。

条件表达式的优先级：

(1) 条件表达式的优先级高于赋值运算符、逗号运算符，而低于其他运算符；

(2) 条件运算符的结合顺序为"自右至左"。

2. 条件表达式

使用条件运算符把表达式连接起来的表达式称为条件表达式。

表达式 1? 表达式 2:表达式 3;

表达式 1 是关系或布尔型，返回值为 bool 型；如果表达式 1 的值为 true，则整体表达式的值为表达式 2 的值；如果表达式 2 的值为 false，则整体表达式的值为表达式 3 的值。

例 2-2　利用条件表达式求 2 个数的最小值。

```
void main()
{  int x,y,min;
   cout<<"请输入 x 和 y 的值:";
   cin>>x>>y;
   min=x<y? x:y;
   cout<<"最小值是:"<<min<<endl;
```

```
}
```

程序运行结果如下：

请输入x和y的值：4 3

最小值是：3

课后习题

一、选择题

1. 下列符号串中，属于C++语言合法标识符的个数为(　　)。

`_1_2_3　a-b-c　float　9cd　a3b4`

A. 1　　B. 2　　C. 3　　D. 4

2. 以下全部都是合法的用户标识符的是(　　)。

A. user　PAD#d　stu-age　　B. scnafa10　_345　A*stu

C. age　extern　xbb　　D. stu_name　NameChar　_1day

3. 下面字符常量正确的是(　　)。

A. "c"　　B. '\\'　　C. 'n'　　D. 'ab'

4. 假设所有变量均为整型，则表达式(a=2,b=5,b++,a+b)的值是(　　)。

A. 7　　B. 8　　C. 6　　D. 2

5. 下列转义字符不正确的是(　　)。

A. '\\'　　B. '\'　　C. '\053'　　D. '\0'

6. 下列选项中属于不正确的赋值语句的是(　　)。

A. t++;　　B. n1=(n2=(n3=0));

C. k=i==j;　　D. a=3=b;

7. 设int x=2,y=1;则表达式(!x||y--)的值是(　　)。

A. -1　　B. 0　　C. 1　　D. 2

8. 下列标识符不是关键字的是(　　)。

A. break　　B. char　　C. return　　D. swithch

9. C++语言中运算对象必须是整型的运算符是(　　)。

A. %　　B. /　　C. !　　D. *

10. 当c的值不为0时，在下列选项中能正确将c的值赋给变量a、b的是(　　)。

A. c=b=a;　　B. (a=c)||(b=c);

C. (a=c)&&(b=c);　　D. a=c=b;

11. 以下选项中可作为C++语言合法常量的是(　　)。

A. －80　B. －080　C. －8e1.0　D. －80.0e

12. 下列不属于字符型常量的是(　　)。

A. 'A'　B. '\117'　C. 'a'　D. '\x93'

13. 当c的值不为0时，下列选项中能正确将c的值赋给变量a、b的是(　　)。

A. c=b=a;　B. (a=c)||(b=c);

C. (a=c)&&(b=c);　D. a=c=b;

14. 若x、b、m、n均为int型变量，执行下面语句后b的值为(　　)。

```
m=20;n=6;
x=(--m== n++)? --m:++n;
b=m++;
```

A. 11　B. 6　C. 19　D. 18

15. 设a=5，b=6，c=7，d=8，m=2，n=2，执行(m=a>b)&&(n=c>d)后m,n的值为(　　)。

A. 2,2　B. 2,0　C. 0,2　D. 0,0

16. 若已定义x和y为double类型，则表达式"x=1,y=x+3/2"的值是(　　)。

A. 2.0　B. 2　C. 1　D. 2.5

17. 下列选项中，优先级最高的运算符是(　　)。

A. &&　B. *=　C. !=　D. []

18. 若运行时给变量x输入12，则以下程序的运行结果是(　　)。

```
main()
{
int x,y;
cin>>x;
y=x>12? x+10:x-12;
cout<<y;
}
```

A. 0　B. 22　C. 12　D. 10

19. 已知各变量的类型说明如下：

```
int k,a,b;
unsigned w=5;
double x=1.42;
```

则以下不符合C++语言语法的表达式是(　　)。

A. x%(-3);　B. w+=-2;

C. k=(a=2,b=3);　D. a+=a-=a=3;

20. 执行下列程序中的输出语句后，x的值是(　　)。

```
int main()
```

```
{
int x;
cout<<(x=5*6,x*2,x+20);
return 0;
}
```

A. 30　　B. 60　　C. 50　　D. 80

21. 下列程序的输出结果是(　　)。

```
main()
{
int x=1,y=0,z;
z=(x<=0)&&(y-->=0);
cout<<z<<""<<x<<""<<y);
}
```

A. 0 −1 −1　　B. 0 −1 0　　C. 0 1 0　　D. 0 1 −1

二、填空题

1. 表达式是由运算符和________串接起来所组成的符号序列。

2. 若 a=1,b=2,c=3,d=4,判断下列各表达式的结果:

(1) a>=b&&a<=b

结果是________。

(2) a<b||b! =a

结果是________。

(3) a>=c||b>=d

结果是________。

(4) b>=c&&c!=d

结果是________。

3. C++程序中的数据可以分为________和________两大类。其中,________是指在程序执行过程中值不改变的量。________是程序中用于存储信息的单元。

4. 请写出下列表达式的值。

(1) 3.0*2+2*7−'A'

结果是________。

(2) 29/3+34%3+3.5

结果是________。

(3) 45/2+(int)3.14159/2

结果是________。

(4) a=3*5,a=b=3*2

结果是________。

第3章　程序控制结构

语句是程序的基本组成部分。流程控制语句是用来控制程序中各语句执行顺序的，它是程序中非常重要的组成部分。C＋＋程序提供了三种基本流程结构，即顺序结构、分支结构（选择结构）和循环结构。

3.1　顺序控制结构

顺序结构是三种程序控制结构中最简单的一种，程序执行按照语句书写的顺序依次自上而下执行。也就是说，按照程序中语句出现的次序从第一条开始依次执行到最后一条。如果需要根据某个条件来决定下面该进行什么操作，或是某些事情应该根据需要不断重复地去执行多次操作，这就需要用到下面要讲的选择控制结构和循环控制结构来控制程序中语句的执行顺序。

3.2　选择控制结构

顺序结构中的程序自上而下，逐条都会执行。但程序中并非每条语句都要执行，或根据情况的变化而执行不同的语句，这时可以使用本节要讲的选择控制结构来解决这个问题。

if 语句是用来判定所给定的条件是否满足，根据判定条件的结果（真或假）决定执行给出的两种操作之一。

3.2.1　if 语句 3 种形式

C＋＋提供了 3 种形式的 if 语句。

1. 单分支结构

if（表达式）

　　语句；

例如：

```
if(8> 5)                    //条件成立，执行该语句，不成立则不执行
  cout<<"条件成立，执行该语句"<<endl;
```

2. 双分支结构

```
if(表达式)
    语句 1;
else
    语句 2;
```

例如：

```
if(x> y) //条件成立,执行该语句
    z=x;
else
    z=y;            //条件不成立,执行该语句
```

3. 多分支结构

```
if(表达式 1)          语句 1;
else if (表达式 2)    语句 2;
else if(表达式 3)     语句 3;
…
else if(表达式 a)     语句 a;
else                  语句 b;
```

例如：

```
if(score> =90)        cout<<"优秀";
else if(score> =80)   cout<<"良好";
else if(score> =70)   cout<<"中等";
else if(score> =60)   cout<<"及格";
else                cout<< "不及格";
```

说明：(1)if 语句的 3 种形式，都有一个入口，通过括号中的“表达式”来判断条件是否成立，然后根据结果执行相应的语句。

(2) if 语句的 3 种形式，无论有多少种选择，但只能选择其中一个作为出口。

(3) 在 if 和 else 后面，可以只含一个内嵌的操作语句(如上例)，也可以有很多个操作语句，此时用花括号“{}”将几个语句括起来成为一个复合语句。例如：

```
if(score< 60)
{                                                //复合语句开始
    cout<<"考试不及格";
    cout<<"春节后,开学第 2 周周末补考";
}                                                //复合语句结束
else
    cout<<"恭喜你,可以继续学习新课程了";        //if 语句结束
```

3.2.2　if 语句的嵌套

if 语句中包含一个或多个 if 语句,称为 if 语句的嵌套。一般形式如下:

```
if()
  if()语句 1;          //内嵌 if
  else 语句 2;
else
    if(  )语句 3;      //内嵌 if
else 语句 4;
```

应当注意 if 与 else 的配对关系。

3.2.3　switch 结构

switch 结构是多分支选择结构,用来实现多分支选择。if 语句只有两个分支可供选择,而实际问题中常常需要用到多分支的选择,如期末考试分数(90 分以上为“优秀”,80 分以上为“良好”,70 分以上为“中等” ……)等。

当然这些都是可以嵌套的 if 语句或者多分支 if 语句来处理,但如果分支较多,则嵌套的 if 语句层数多,程序就会冗长而且可读性降低。C++提供 switch 语句直接处理多分支选择,它的一般形式如下:

```
switch(表达式)
{
    case 常量表达式 1:语句 1;
    case 常量表达式 2:语句 2;
    …
    case 常量表达式 n:语句 n;
default               语句 n+1;
}
```

例如,要求按照考试成绩的等级打印出百分制数段,可以用 switch 语句实现:

```
switch(score/10)
{
    case  10:
    case  9:  cout<<"优秀";break;
    case  8:  cout<<"良好";break;
    case  7:  cout<<"中等";break;
    default:    cout<<"不及格";
}
```

程序说明：

(1) switch 后面括号内的表达式为任意表达式。

(2) 当 switch 后面括号内的表达式的值与 case 子句中的常量表达式的值都不匹配时，就执行 default 子句的内嵌语句。

(3) 每一个 case 表达式的值必须互不相同，否则就会出现相互矛盾的现象。

(4) 各个 case 和 default 的出现次序不影响执行结果。例如，可以先出现“default：…”，再出现“case 8：…”，然后是“case 10：”。

(5) 执行完一个 case 子句之后，流程控制转移到下一个 case 子句，继续执行。“case 常量表达式”只是起语句标号作用，并不是在该处进行条件判断。在执行 switch 语句时，根据 switch 表达式的值找到与之匹配的 case 子句，然后从该 case 子句开始执行下去，不再进行判断。因此，应该在执行一个 case 子句后，使流程跳出 switch 结构，即终止 switch 语句的执行，可以用一个 break 语句来达到此目的。

(6) 多个 case 可以共用一组执行语句，例如：

```
…
case  10:
case  9:  cout<<"优秀";break;
…
```

当 score/10 的值为 10，9 时执行同一组语句。

3.3　循环控制结构

循环是指在条件成立的情况下重复执行某些语句。C++语言提供了 3 种循环语句：for 循环、do…while 循环和 while 循环。本节介绍这 3 种循环及中止语句，其中 while 循环和 for 循环是最常用的循环语句。

3.3.1　for 循环

for 循环的一般格式：

```
for(表达式 1;表达式 2;表达式 3)
{
        循环语句(循环体);
}
```

通过一般格式，可以看出 for 循环的结构，括号内用 2 个分号把 3 个表达式分割开来；表达式 1 称为初值表达式，进入循环先执行表达式 1 进行赋初值，且只执行一次；表达式 2 称为条件表达式，进行循环前先执行表达式 2，表达式 2 成立就进入循环，不成立则退出循环，执行循环语句的后续语句；表达式 3 称为修正表达式，用于改变循环变量值，一般通过递增和递减来实现，进入循环执行完循环体后，要执行表达式 3，来修正或更改相关变量的值，然后再次执行表达式 2，看循环条件是否再次成立，成立继续执行，不成立则退出。循环语句可以是 1 条语句，也可以是多条语句，如果是多条语句，需要使用{}括起来。整个循环，表达式 1 只执行一次，而表达式 2 和表达式 3 可以执行多次，只有表达式 2 为假时，才退出循环。

例 3-1 求 1 到 100 之间所有整数的和。

```
#include<iostream>
using namespace std;
int main()
{
    int i,sum=0;
    for(i=1;i<=100;i++)  // i 初值为 1,每次+1,结束条件是 100
        sum=sum+i;
    cout<<"sum="<<sum<<endl;
    return 0;
}
```

程序运行结果如下：

```
sum=5050
```

程序分析如下：

(1) for 循环先执行表达式 1，i=1，就是给 i 赋初值为 1，该表达式只执行一次。

(2) 然后执行条件表达式 2，i<=100，此时条件成立执行循环体。

(3) 执行 sum=sum+1，修改 sum 的值为 1。

(4) 接着执行表达式 3，i++，i 的值变为 2。

(5) 条件 2 继续成立，继续执行循环体，sum=sum+2，修改 sum 的值为 3。

(6) 依次在表达式 2、循环体、表达式 3 之间循环执行，最终 sum=0+1+2+3+…+100；也就是 1 到 100 之间所有整数的和。

3.3.2 while 循环

```
while(条件表达式)
{
    循环语句;
}
```

while 循环是先执行括号中的表达式，当表达式成立，执行循环体，当表达式不成立的时候，退出循环。循环语句可以是 1 条语句，也可以是多条语句，如果是多条语句，需要使用{}括起来。

例 3-2 使用 while 循环求 1 到 100 之间所有偶数的和。

```
int main( )
{
    int sum=0;                 //求和初值是 0
    int i=2;                    //循环变量赋初值
    while(i<=100)
    {
        sum=sum+i;
        i+=2;                  //改变循环条件中变量的值
    }
    cout<<"sum="<<sum<<endl;
    return 0;
}
```

程序运行结果如下：

```
sum=2550
```

程序分析如下：

(1) while 循环先执行循环中的条件表达式，i<=100，成立。

(2) 接着执行循环体，sum=sum+2；sum 的值更改为 2，循环条件中的变量增 2 变为 4，确保下一个循环中的变量偶数。

(3) 然后再次执行 while 循环中的条件表达式，直到 while 循环中的条件不成立为止。最终 sum=0+2+4+…+98+100=2550。

3.3.3 do while 循环

```
do
{
        循环语句；
}while(条件表达式)；
```

do…while 循环，先执行一次循环体，然后再判断循环条件是否成立，如果成立则继续执行循环体，如果不成立则退出循环体。do…while 循环和 while 循环的最大区别是，while 循环的循环体可能 1 次都不执行，而 do…while 循环的循环体至少执行 1 次。

例 3-3 使用 do…while 循环实现 1－1/2＋1/3－1/4＋1/5－1/6＋1/7－1/8＋1/9－1/10。

```
int main( )
{
```

```
    int i=1,sign= 1;
    float sum=0;
    do
    {
        sum=sum+ sign * 1.0/i;
        sign=(-1) * sign;                      //交替改变每一个分式的正负
        i++ ;                                  //改变循环控制变量的值
    }while(i<=10);                             //注意此处的";"不能省略
    cout<<"sum="<<sum<<endl;
    return 0;
}
```

程序运行结果如下：

```
sum=0.645635
```

程序分析如下：

(1) 先执行 do…while 循环中的循环体，然后判断 while 循环是否成立，来决定是否继续执行循环。

(2) 该程序 1.0/i，不能写成 1/i，因为 1 是整数，i 也是整数，2 个整数相除的结果也是整数，故 1/整数 i，均为 0。

3.3.4 循环的嵌套

循环里面包含另外一个循环称为循环的嵌套。while 循环能包含 for 循环，也能包含 do…while 循环，for 循环也能包含另外两种循环，do…while 循环也能包含另外两种循环。这种循环称为多重循环结构，但要注意的是循环的层次结构，内循环必须完全包含在外循环的内部。

例 3-4 求下三角的 9×9 乘法表。

```
int main()
{
    int i,j;
    for(i=1;i<=9;i++)                          //外循环，控制输出几行
    {
        for(j=1;j<=i;j++)              //内循环，控制每一行输出几列
        cout<<i<<" * "<<j<<"="<<i * j<<" "; //""中的内容原样输出
        cout<<endl;
    }
    return 0;
```

```
}
```

程序运行结果如下：

```
1*1=1
2*1=2 2*2=4
3*1=3 3*2=6 3*3=9
4*1=4 4*2=8 4*3=12 4*4=14
5*1=5 5*2=10 5*3=15 5*4=20 5*5=25
6*1=6 6*2=12 6*3=18 6*4=24 6*5=30 6*6=36
7*1=7 7*2=14 7*3=21 7*4=28 7*5=35 7*6=42 7*7=49
8*1=8 8*2=16 8*3=24 8*4=32 8*5=40 8*6=48 8*7=56 8*8=64
9*1=9 9*2=18 9*3=27 9*4=36 9*5=45 9*6=54 9*7=63 9*8=72 9*9=81
```

程序分析如下：

(1) 要注意 9×9 乘法表的形式，题目明确要求是下三角，而不是上三角。

(2) 该程序外循环控制行，内循环控制每一行显示的列数。

例 3-5 鸡分为公鸡、母鸡、小鸡，其中公鸡 5 元 1 只，母鸡 3 元 1 只，小鸡 1 元 3 只，100 元去买 100 只鸡，且每种鸡都有，求出所有可能的方案。

本题假设买 i 只公鸡，j 只母鸡，k 只小鸡。

```
int main( )
{
    int i,j,k;
    for(i=1;i<=100;i++)          //外循环控制公鸡的变化
    {
        for(j=1;j<=100;j++)      //内循环控制母鸡的变化
        {
        k=100- i- j;          //确保鸡的总数是 100 只
        if(i * 5+ j * 3+ k/3==100&&k%3==0)
                                        //确保钱的总数是 100 元
        cout<<"公鸡数:"<<i<<",母鸡数:"<<j<<",小鸡数:"<<k<<
endl;
    }
  }
  return 0;
}
```

程序运行结果如下：

公鸡数:4,母鸡数:18,小鸡数:78

公鸡数:8,母鸡数:11,小鸡数:81

公鸡数:12,母鸡数:4,小鸡数:84

程序分析如下:

(1) 程序中 k%3==0,确保小鸡的个数是整数。

(2) 同时程序中受总钱数 100 元限制,公鸡的个数不可能超过 20 只,母鸡不可能超过 33 只,小鸡不可能超过 100 只(总鸡数 100),因此可以缩小循环的循环次数,提高程序的运行效率。

3.4 跳转语句

在 switch case 循环结构中,可以通过 break、continue 等来控制程序退出循环或跳过某些语句。

3.4.1 break 语句

在 break 后面加上分号就可以构成 break 语句。在前面学习选择结构时,break 语句可以跳出 switch 结构,继续执行 switch 语句之外的语句。break 语句只能出现在循环体内及 switch 语句内,不能用于其他语句。当 break 出现在多层循环体或多层 switch 语句内时,只能跳出本层循环。

例 3-6 在全系 1000 名学生中,征集慈善募捐,当总数达到 10 万元时就结束,统计此时捐款的人数,以及平均每人捐款的数目。

```
int main( )
{
    int i;
    float sum=0,money;
    for(i=1;i<=1000;i++)
    {
       cin>>money;
     sum=sum+money;
     if(sum>=100000)
        break;
    }
    if(i>1000)               //捐款人数达到 1000,退出时 i 为 1001
       i=i-1;
```

```
    cout<<"捐款人数是:"<<i<<"人,平均捐款"<<sum/i<<"元"<<
endl;
    return 0;
}
```

程序运行结果如下：

10 20 10 20 50 100 100000

程序分析如下：

(1) 当捐款人数达到 1000 人，即使捐款数额达不到 10 万元，也要提前截止。

(2) 当捐款数额达到 10 万元时，即使不到 1000 人，也要提前截止。

3.4.2 continue 语句

continue 后加上“;”就变成 continue 语句。其作用是结束本次循环，即跳过循环体中下面尚未执行的语句，而转去重新判定循环条件是否成立，从而确定下一次循环是否继续执行。

例 3-7　求 10 到 50 之间不能被 9 整除的数。

```
int main( )
{
  int a;
  for(a=10;a<=50;a++)
  {
    if(a%9==0)
      continue;          //结束本次循环,转去判断循环条件是否成立
  cout<<a<<"  ";
  }
  cout<<endl;
  return 0;
}
```

程序运行结果如下：

10 11 12 13 14 15 16 17 19 20 21 22 23 24 25 26 28 29 30 31 32 33 34 35 37 38 39 40 41 42 43 44 46 47 48 49 50

程序分析：continue 语句和 break 语句的区别是，continue 语句只结束本次循环，而不是终止整个循环的执行；而 break 语句则是结束整个循环过程，不再判断执行循环的条件是否成立。

课 后 习 题

一、选择题

1. 在C++语言的if语句中,用作判断的表达式为(　　)。

A. 关系表达式　　B. 逻辑表达式　　C. 算术表达式　　D. 任意表达式

2. C++语言在判断一个量时,将一个(　　)认为"真"。

A. 大于0的数　　B. 非0的数　　C. 大于0的整数　　D. 非0的整数

3. 当把下列四个表达式用作if语句的控制表达式时,含义不相同的选项有(　　)。(假设k>0)

A. k%2　　B. k%2==1　　C. (k%2)!=0　　D. !k%2==0

4. C++语言中,while与do…while语句的主要区别是(　　)。

A. do…while的循环体至少无条件执行一次

B. do…while允许从外部跳到循环体内

C. while的循环体至少无条件执行一次

D. while的循环控制条件比do…while的严格

5. 执行循环语句 `for(i=0;i<10;i++)a++;`后,循环变量i的值是(　　)。

A. 9　　B. 10　　C. 11　　D. 不确定

6. 现已定义整型变量 int i=1; 执行循环语句"while(i++<5);"后,i的值为(　　)。

A. 1　　B. 5

C. 6　　D. 以上三个答案均不正确

7. 若i为整型变量,则以下循环执行的次数是(　　)。

```
for(i=0;i<=5;i++)
cout<<i++;
```

A. 5次　　B. 2次　　C. 3次　　D. 6次

8. 设有如下程序段:

```
int k=10;
while(k=0)  k=k-1;
```

则下面描述中正确的是(　　)。

A. while循环执行10次　　B. 循环体语句一次也不执行

C. 循环是无限循环　　D. 循环体语句执行一次

9. 若i为整型变量,则以下循环执行次数是(　　)。

```
for(i=0;i<=5;i++)
```

```
cout<<i;
```

A. 5　　B. 0 次　　C. 1 次　　D. 6 次

10. 运行下列程序后的输出结果是(　　)。

```
    void main( )
    {
    int a=1,b=2,c=3,t;
    if(a<b) { t=a; a=b; b=t; }
    if(a<c) { t=a; a=c; c=t;}
    if(b<c) { t=b; b=c; c=t; }
    cout<<a<<b<<c;
}
```

A. 123　　B. 132　　C. 213　　D. 321

11. 以下程序的运行结果是(　　)。

```
#include<iostream>
using namespace std;
int main( )
{
    int y=2,a=1;
      while(y--!=-1)
{
      do{
      a*=y;
            a++;
    }while(y--);
      }
      cout<<a<<","<<y;
      return 0;
}
```

A. 1,－2　　B. 2,1　　C. 1,0　　D. 2,－1

12. 有一函数关系见下表,下面程序段中能正确表示上面关系的是(　　)。

x	y
x<0	x－1
x=0	x
x>0	x+1

A.
```
y=x+1;
if(x>=0)
if(x==0)  y=x;
else y=x-1;
```

B.
```
y=x-1;
if(x! =0)
if(x>0) y=x+1;
else y=x;
```

C.
```
if(x<=0)
if(x<0) y= x-1;
else y=x;
else y=x+1;
```

D.
```
y=x;
if(x<=0)
if(x<0) y=x-1;
else y=x+1;
```

13. 当 a=2,b=3,c=4,d=5 时,执行下面一段程序后 x 的值为(　　)。

```
if(a> b)
   if(c<d)x=1;
   else
   if(a<c)
      if(b>d)x=2;
      else x=3;
   else x=4;
else x=5;
```

A. 2　　B. 3　　C. 4　　D. 5

14. 下列程序的运行结果是(　　)。

```
main()
{
   int y=10;
   do
   {
      y--;
   } while(--y);
   cout<<y--;
}
```

A. −1　　B. 1　　C. 8　　D. 0

15. 下列程序的运行结果是(　　)。

```
#include <stdio.h>
main()
{
   int i;
```

```
    for(i=1;i<=5;i++)
    {  if(i%2)
       cout<<"*";
       else continue;
          cout<<"#";
    }
cout<<$;
}
```

A. *#*#$　　B. #*#*#*$　　C. *#*#*#$　　D. ***#$

16. 有以下程序：

```
main()
{
    int a=1,b=0;
switch(a)
{
    case 1:switch(b)
{
        case 0:cout<<"****";break;
case 1:cout<<"####";break;
    }
case 2: cout<<"$$$$";break;
}
```

该程序的输出结果是(　　)。

A. ****　　B. ****$$$$　　C. ****####$$$$　D. ####$$$$

二、填空题

1. 下列程序段的输出结果是________。

```
for(i=0,j=10,k=0;i<=j;i++,j- =3,k=i+j);cout<<k;
```

2. int n=0;

```
while(n=1)n++;
```

while 循环执行次数是________。

3. 程序实现大写字母转换成小写字母。

```
    #include <iostream.h>
    void main()
    {
    char a;
```

```
    ________;
    cin> > a;
    if(________)
    a=a+ i;
    cout<<a<<endl;
}
```

4. 下面程序的功能是统计用0至9之间的不同的数字组成的三位数的个数。

```
#include<iostream>
using namespace std;
int main()
{
    int i,j,k,count=0;
    for(i=1;i<=9;i++)
        for(j=0;j<=9;j++)
            if(________)
                continue;
            else
                for(k=0;k<=9;k++)
                    if(________)
                        count++;
    cout<<count;
        return 0;
}
```

5. 下面程序的功能是从键盘上输入若干学生的学习成绩，统计并输出最高成绩和最低成绩，当输入为负数时结束输入。

```
#include<iostream>
using namespace std;
int main()
{
    float x,amax,amin;
    cin>> x;amax=x;amin=x;
    while(________)
    {
     if(x>amax)
     amax=x;
```

```
    if(_______)
        amin=x;
    cin>> x;
    }
    cout<<amax<<"  "<<amin;
    return 0;
}
```

6.下面程序的功能是根据近似公式:π2/6≈1/12+1/22+1/32+…+1/sn,求π值。

```
#include<iostream>
using namespace std;
double pi(long n)
{
    double s=0.0;
    long i;
for(i=1;i<=n;i++)
    s=s+(_______);
return _______;
}
int main()
{
    cout<<pi(8);
    return 0;
}
```

三、阅读程序题

1.读程序写出程序运行结果。

```
void main()
{
    int a=5, b=4, c=3;
if(a<b)
    a=b;
  if(a<c)
    a=c;
cout<<a<<","<<b<<","<<c ;
  }
```

2.读程序写出程序运行结果。

```
void main( )
{
    int x=-9,y=5,z=8;
if(x<y)
        if(y<0)
            z=0;
        else z+=1;
    cout<<z;
}
```

3.读程序写出程序运行结果。

```
void main( )
{
    char b='a',c='A';
    int i;
for(i=0;i<6;i++)
{
    if(i%2)
            putchar(i+b);
else putchar(i+c);
    }
}
```

4.读程序写出程序运行结果。

```
#include<iostream>
using namespace std;
void main( )
{
    int i,j;
for(i=0;i<10;i++,i++)
    {
        for(j=10;j>=0;j--)
{
            if((i+ j)% 2)
            {
                j--;
```

```
                cout<<" * "<<j;
                continue;
            }
--j;
--j;
cout<<j;
    }
  cout<<endl;
      }
}
```

5. 读程序写出程序运行结果。

```
void main( )
{
      int a[6]={12,4,17,25,27,16},b[6]={27,13,4,25,23,16},i,j;
for(i=0;i<6;i++) //找 2 个数组中元素相同的值
      {
        for(j=0;j<6;j++) if(a[i]==b[j])  break;
if(j<6) printf("% d ",a[i]);
        }
}
```

6. 读程序写出程序运行结果。

```
int main( )
{
    int k=5,n=0;
    do{
        switch(k)
{
        case 1:
        case 3:  n+=1;  k--;  break;
        default:  n=0;  k--;
        case 2:
        case 4:  n+=2;  k--;  break;
}
            cout<<n;
    }while(k>0&&n<5);
```

```
    return 0;
}
```

四、编程题

1. 输入一行字符，分别统计出其中英文字母、空格、数字和其他字符的个数。

2. 用 switch 语句编程，输入一个百分制成绩（double 型），要求输出成绩等级。90 分以上为“A”，80～90 分为“B”，70～79 分为“C”，60～69 分为“D”，60 分以下为“E”。

3. 高次方数的尾数：求 13 的 13 次方的最后三位数。

4. 输入某年某月某日，判断这一天是这一年的第几天。

5. 编写一个程序，计算 s=11+13+15+…+99 的值，并输出。

6. 编写一个程序，输入一个不多于 4 位的整数，并按逆序输出，如输入 1234，则输出 4321。

7. 问 555555 的约数中最大的三位数是多少？

8. 小明有五本新书，要借给 A、B、C 三位小朋友，若每人每次只能借一本，则可以有多少种不同的借法？

9. 若一个口袋中放有 12 个球，其中有 3 个红的、3 个白的和 6 个黑的，问从中任取 8 个共有多少种不同的颜色搭配？

10. 爱因斯坦出了一道这样的数学题：有一条长阶梯，若每步跨 2 阶，则最后剩 1 阶；若每步跨 3 阶，则最后剩 2 阶；若每步跨 5 阶，则最后剩 4 阶；若每步跨 6 阶，则最后剩 5 阶；只有每次跨 7 阶，最后才正好 1 阶不剩。请问这条阶梯共有多少阶？

11. 一辆卡车违反交通规则，撞人后逃跑。现场有三人目击事件，但都没有记住车号，只记下车号的一些特征。甲说：牌照的前两位数字是相同的；乙说：牌照的后两位数字是相同的，但与前两位不同；丙是数学家，他说：车牌号的四位数刚好是一个整数的平方。请根据以上线索求出车号？

12. 一个自然数被 8 除余 1，所得的商被 8 除也余 1，再将第二次的商被 8 除后余 7，最后得到一个商为 a。又知这个自然数被 17 除余 4，所得的商被 17 除余 15，最后得到一个商是 a 的 2 倍。求这个自然数？

13. A、B、C、D、E 五个人在某天夜里合伙去捕鱼，到第二天凌晨时都疲惫不堪，于是各自找地方睡觉。日上三竿，A 第一个醒来，他将鱼分为五份，把多余的一条鱼扔掉，拿走自己的一份。B 第二个醒来，也将鱼分为五份，把多余的一条鱼扔掉，拿走自己的一份。C、D、E 依次醒来，也按同样的方法拿走鱼。问他们一起至少捕了多少条鱼？

14. 有如下的加法算式，其中每个字母代表一个数字。

```
      G
     FG
    EFG
   DEFG
  CDEFG
 BCDEFG
+ABCDEFG
--------
DDDDDDD
```

请填写“ABCDEFG”所代表的整数。

所有数字连在一起，中间不要空格，如“3125697”。当然，这个不是正确的答案。

第 4 章　数　　组

第 2 章介绍了基本数据类型，本章介绍复合数据类型中的数组。程序中经常用到大量数据来进行相关操作，如果单个定义，会导致定义烦琐和使用麻烦，可以使用数组来解决该类问题。本章重点讲解一维数组、二维数组和字符数组。

数组可以批量定义同类型的多个变量。定义数组要求所有元素必须是相同类型的，同时在定义的时候要指定具体的数组长度，使用下标可以区分数组内的各个元素。数组可以是一维的，也可以是多维的，但程序中使用的数组一般不超过二维。

4.1　一 维 数 组

一维数组是由具有一个下标的数组元素组成的数组，每一个数组元素的类型都相同。

4.1.1　一维数组的定义

一维数组的定义形式如下：

〈数据类型〉〈数组名〉[〈数组长度〉]

在此，〈数据类型〉是类型说明符，〈数组名〉是数组的名字，数组名是常量，代表数组的首地址。〈数组长度〉是结果为整型的常量表达式，用来指定数组中元素的个数，定义数组时数组长度不能是变量表达式，使用数组元素时下标从 0 开始到(数组长度－1)。

例如，int a[6]；定义了一个一维数组，含有 6 个 int 元素，下标从 0 开始，分别是 a[0]、a[1]、a[2]、a[3]、a[4]、a[5]，并且这 6 个元素在内存中是从上到下连续存储的。

4.1.2　一维数组初始化

第 2 章基本数据类型和表达式中介绍过，在定义变量的同时可以同时进行赋值，称为变量的初始化。数组在定义的同时也可以进行赋值，称为数组的初始化。例如：

```
int a[6]={6,5,4,3,2,1};
char c[5]={'A', 'a', 'B', 'b', '\0'};
```

花括号中各数据项之间以逗号分隔。其中a[0]值为6,a[1]值为5,a[2]值为4,a[3]值为3,a[4]值为2,a[5]值为1;c[0]值为'A',c[1]值为'a',c[2]值为'B',c[3]值为'b',c[4]值为'\0'。

当数组进行初始化时,如果对元素全部进行了赋值,则可以省略数组长度。如int a[6]={ 6,5,4,3,2,1};可以写成int a[]={ 6,5,4,3,2,1};若在定义数组时给出了数组长度,则在数组初始化时不能超出定义的数组长度,否则会出现越界错误。例如:

```
int a[6]={ 6,5,4,3,2,1,0};    //错误:数组初始化元素超过定义的长度
```

定义数组时,可以对元素全部进行赋值,也可以不进行初始化待后续进行赋值,同时也可以只对部分数组元素进行赋值。

例如:

```
int a[100]={1,2,3,4};
```

将a定义为有100个元素的整型数组,a[0]初始化为1,a[1]初始化为2,a[2]初始化为3,a[3]初始化为4,从a[4]开始到a[99]一律为0。也就是说,部分初始化后,未赋值的元素一律为0。而如果定义数组时,全部元素都没有赋值,则全部数组元素的值未知。

4.1.3 使用数组元素

数组定义可以初始化数组元素,也可以定义完再赋值。待数组元素有了值之后,就可以使用这些数组元素。使用数组元素的语法格式是:

〈数组名〉[〈表达式〉]

其中,〈表达式〉的结果是非负的整型表达式,又称为数组的下标。数组的下标是从0开始到(数组长度－1)之间进行取值。同时,数组元素需要逐个赋值,在使用数组元素时也需要逐个使用,不可以整体使用数组元素。

例4-1　定义一个包含10个元素的整型数组,进行逆序输出。

```
int main()
{
  int a[10];
  int i;
  cout<<"请输入10个数据:"<<endl;
  for (i=0;i<10;i++)                //输入a[0]～a[9]
      cin>>a[i];
  cout<<"逆序输出结果是:"<<endl;
  for(i=9;i>=0;i--)
      cout<<a[i]<<"  ";
```

```
    cout<<endl;
  return 0;
}
```

程序运行结果如下：

请输入 10 个数据：

1 2 3 4 5 6 7 8 9 10

逆序输出结果是：

10 9 8 7 6 5 4 3 2 1

例 4-2　采用冒泡法对数字中的 10 个数据进行从小到大排序。

```
int main( )
{
  int a[11];
  int i,j,t;
  cout<<"请输入 10 个数据:"<<endl;
  for (i=1;i<11;i++)                    //输入 a[1]～a[10]
      cin>>a[i];
  cout<<endl;
  for (j=1;j<10;j++)                    //共进行 9 趟比较
      for(i=1;i<=10-j;i++)               //每趟进行(10-j)次比较
        if (a[i]> a[i+1])               //若前面的数大于后面的数,两者
                                          交换,大数后移
        {
            t=a[i];
            a[i]=a[i+ 1];
            a[i+ 1]=t;
        }
      cout<<"从小到大进行冒泡排序后的结果是:"<<endl;
  for(i=1;i<11;i++)
      cout<<a[i]<<"  ";
      cout<<endl;
  return 0;
}
```

程序运行结果如下：

请输入 10 个数据：

1 3 5 7 9 2 4 6 8 10

从小到大进行冒泡排序后的结果是：

1 2 3 4 5 6 7 8 9 10

程序执行过程如下：

```
1  3  5  7  9  2  4  6  8  10        //原始数据
1  3  5  7  2  4  6  8  9  10        //第1圈结果
1  3  5  2  4  6  7  8  9  10        //第2圈结果
1  3  2  4  5  6  7  8  9  10        //第3圈结果
1  2  3  4  5  6  7  8  9  10        //第4圈结果
1  2  3  4  5  6  7  8  9  10        //第5圈结果
1  2  3  4  5  6  7  8  9  10        //第6圈结果
1  2  3  4  5  6  7  8  9  10        //第7圈结果
1  2  3  4  5  6  7  8  9  10        //第8圈结果
1  2  3  4  5  6  7  8  9  10        //第9圈结果
```

程序分析如下：

(1) 冒泡排序是通过相邻的数据元素逐步交换，逐步将待排序序列变成有序序列的过程。以本题为例，10个数据需要进行9圈比较，每一圈需要(10－当前圈数)次比较，不断将相邻两个数据较大的数据向后移动，最后将待排序列中的最大的数据交换到了待排序序列的末尾。如此反复，经过9圈排序，变成了从小到大的有序序列。

(2) 本题为了和生活中的习惯保持一致，从第一圈开始，定义数组是 int a[11]，定义了11个变量，实际只使用了a[1]到a[10]共10个数据，a[0]并未使用。

4.2 二维数组

二维数组是由具有两个下标的数组元素组成的数组，两个下标分别为行下标和列下标。二维数组的元素数为行标和列标相乘的结果，且每一个数组元素的类型都相同。

4.2.1 二维数组的定义

二维数组的定义形式如下：

<数据类型> <数组名> [<表达式1>][<表达式2>]；

这里〈数据类型〉是类型说明符，〈数组名〉是数组的名字，数组名是常量，代表数组的首地址。〈表达式1〉和〈表达式2〉是结果为正整数的常量表达式，分别用来指定数组中行和列的数目，定义数组时数组长度不能是变量表达式。

```
int a[3][4];
```

定义了 3 行 4 列的二维数组 a,该数组中每个元素都是 int 类型。与一维数组相同,下标从 0 开始,该二维数组行下标范围是 0～2,列下标范围是0～3。

4.2.2 二维数组初始化

与一维数组相同,二维数组可以定义完数组后再赋值,也可以在定义数组的同时进行赋值,称为数组的初始化。

例如:

```
int a[3][4]={{1,2,3,4},{5,6,7,8},{1,5,7,9}};
```

该语句定义了一个 3 行 4 列的二维数组 a。在初始化二维数组时,内层的花括号用来初始化数组的行。因此,数组第 1 行中的元素分别是 1,2,3 和 4;第 2 行中的元素分别是 5,6,7 和 8;第 3 行中的元素分别是 1,5,7 和 9。

又例如:

```
int a[3][4]={1,2,3,4,5,6,7,8,1,5,7,9};
```

当前数组初始化和上述初始化效果是一样的,都能达到相应的赋值结果。在 C++语言中,数组元素是按行存储的,因此当对数组元素全部进行赋值时,在定义数组时,行下标是可以省略的。如果赋值时只对部分元素赋值,则定义数组时行下标不能省略,同时未初始化的元素默认为 0。

4.2.3 使用二维数组元素

使用二维数组元素,要给出两个下标:一个行下标和一个列下标。访问二维数组元素的语法是:

<数组名> [<表达式 1>][<表达式 2>];

这里〈表达式 1〉〈表达式 2〉是结果为非负整数的表达式。〈表达式 1〉指定行下标,〈表达式 2〉指定列下标。

例如:

```
a[3][4]=8;
```

将 8 存储到数组 a 行下标为 3,列下标为 4 的元素中。

例 4-3 求二维数组的主对角线元素之和。

```
int main( )
{
    int a[3][3],i,j,sum=0;                    //定义二维数组
    cout<<"请输入 9 个数据"<<endl;
    for(i=0;i<3;i++)
    {
        for(j=0;j<3;j++)
```

```
    {
        cin>>a[i][j];                    //为二维数组中的元素进行赋值
        }
}
for(i=0;i<3;i++)
{
    {
        sum=sum+a[i][i];                 //计算主对角线元素的和
    }
}
cout<<"主对角线元素的和是:"<<sum<<endl;
return 0;
}
```

程序运行结果如下:

请输入9个数据

1 2 3 4 5 6 7 8 9

主对角线元素的和是:15

例 4-4 对二维数组进行转置操作。

```
int main( )
{
    int a[3][4],b[4][3],i,j;                //定义二维数组
    cout<<"请为a数组输入12个数据"<<endl;
    for(i=0;i<3;i++)
    {
        for(j=0;j<4;j++)
        {
            cin>>a[i][j];               //为二维数组中的元素进行赋值
        }
    }
    for(i=0;i<3;i++)
    {
        for(j=0;j<4;j++)
        {
            b[j][i]=a[i][j];            //对二维数组进行转置操作
```

```
        }
    }
    cout<<"输出转置后的 b 数组:"<<endl;
    for(i=0;i<4;i++)
    {
        for(j=0;j<3;j++)
        {
            cout<<b[i][j]<<" ";
        }
        cout<<endl;                          //每输出一行进行换行
    }
    return 0;
}
```

程序运行结果如下:

请为 a 数组输入 12 个数据

1 2 3 4 5 6 7 8 9 1 2 3

输出转置后的 b 数组:

1 5 9

2 6 1

3 7 2

4 8 3

程序分析:转置前 a 数组是 3 行 4 列,转置后 b 数组是 4 行 3 列。

4.3 字符数组

所有元素都是字符类型的数组称为字符数组。字符数组的定义和使用与前面介绍的一维数组和二维数组的情况是一样的,不同的是字符数组的赋值可以单个字符逐个进行赋值,也可以通过字符串来给字符数组进行赋值。例如:

```
char s1[]={'c','+ ','+ '};
char s2[]={"C++"};
```

s1 和 s2 都存储了 3 个字符'c'、'+'、'+',两个字符串长度都是 3,但 s2 使用字符串进行赋值,还多存储了一个'\0',因此 s1 占用 3 个字节的内存空间,s2 则占用了 4 个字节的内存空间。

字符数组有如下特点:

(1) 数组元素和普通变量一样可以进行赋值、比较、参与运算等。

(2) 用字符串对数组初始化时，编译程序以'\0'作为结束这个数组的标志。因此，数组长度至少比字符串长度多1。

(3) 字符数组长度可以显式给出，也可以隐式得到。

(4) 数组下标也是从0～N－1(N为数组长度)。

(5) 如果一个字符数组中存放的字符串中含多个'\0'，字符数组输出字符串时遇到第一个'\0'结束。后续的字符不能继续输出。

例4-5 随机输入5个字符串，求出最大的字符串。

```
#include<iostream>
using namespace std;
#include<cstring>
int main( )
{
    char maxStr[100];        //定义一维字符数组
    char str[5][20];          //定义二维字符数组
int k;
cout<<"请输入5个字符串(每个字符串长度不超过20):"<<endl;
for(k=0;k<5;k++)
    cin>>str[k];
//两个字符串进行比较，较大的字符串存入字符数组maxStr中
if(strcmp(str[0],str[1]))        //strcmp用来进行2个字符比较
    strcpy(maxStr,str[0]);     //strcpy用来进行字符串拷贝
else
    strcpy(maxStr,str[1]);
if(strcmp(str[2],maxStr)> 0)
    strcpy(maxStr,str[2]);
if(strcmp(str[3],maxStr)> 0)
    strcpy(maxStr,str[3]);
if(strcmp(str[4],maxStr)> 0)
    //经过5次比较，把最大的字符串存入maxStr中
    strcpy(maxStr,str[4]);
  cout<<"5个字符串中最大的字符串是:"<<maxStr<<endl;
  return 0;
}
```

程序运行结果如下：

请输入5个字符串(每个字符串长度不超过20)：

```
beijing
shanghai
guangzhou
shenzhen
dongguan
```

5个字符串中最大的字符串是:shenzhen

程序分析如下：

(1) 字符数组如果存储的是字符串,在字符串的结果会自动产生一个'\0',而如果存储的是单个的字符,则末尾不会自动添加'\0'。

(2) 本例中 maxStr 是数组名,代表数组的首地址,而 `cout<<maxStr;`是把 maxStr 所指向的一个字符串进行输出。

4.4　常用字符串函数

C++语言提供了一些常用的字符串操作函数,如字符串比较函数 strcmp( )、字符串复制函数 strcpy( )、字符串连接函数 strcat( )、求字符串长度函数 strlen( )、输出字符串函数 puts( )、输入字符串函数 gets( )、字符串小写函数 strlwr( )、字符串大写函数 strupr( )、字符串查找函数 strstr( )等。使用这些常用字符串函数,要引入头文件 cstring(#include〈cstring〉)。下面介绍这些常用的字符串函数。

4.4.1　字符串比较

字符串比较函数:strcmp(字符串 1,字符串 2);字符串比较函数的规则是:字符串 1 和字符串 2 自左向右逐个字符根据字符 ASCII 值进行比较,直到出现不同的字符或有字符串结束遇到'\0'为止。比较的结果有 3 种情况:

(1) 函数返回值是 0,说明 2 个字符串相等。

(2) 函数返回值是个正整数,说明字符串 1 大于字符串 2。

(3) 函数返回值是个负整数,说明字符串 1 小于字符串 2。

4.4.2　字符串复制

字符串复制函数:strcpy(字符数组 1,字符数组 2);字符串复制函数的规则是:把字符串 2 复制到字符数组 1 中。例如:

```
char s1[20],s2[20]={"guangjiu"};
strcpy(s1,s2);
```

程序运行后,字符串 s1 的内存分布如表 4-1 所示。

表 4-1　执行复制语句后，字符串 s1 的内存分布

g	u	a	n	g	j	i	u	\0

说明：(1) 字符数组 1 的长度要大于或等于字符数字 2 的长度，避免空间不够。

(2) 字符串 2 和结尾标记'\0'一起复制到字符数组 1 中。

4.4.3　字符串连接

字符串连接函数：strcat(字符数组 1,字符数组 2)；字符串连接函数的规则是：字符数组 2 存储的字符串连接在字符数组 1 存储的字符串后面，形成一个新的字符串，最终存储在字符数组 1 中，函数返回值是字符数组 1 的地址。例如：

```
char s1[15]={"I love"};
char s2[]={"c++"};
strcat(s1,s2);
```

程序运行后，字符串 s1 的内存分布如表 4-2 所示。

表 4-2　执行字符串连接前后，字符串 s1 的内存分布

s1:	I		l	o	v	e		\0							
s2:	c	+	+	\0											
s1:	I		l	o	v	e		c	+	+	\0				

程序分析如下：

(1) 字符数组 1 最终存储的是 2 个字符串，所以要分配充足的空间，避免空间不够。

(2) 连接前每个字符串都有一个'\0'，连接后字符串 2 把字符串 1 的'\0'给覆盖了，只保留了字符串 2 后面的'\0'。

4.4.4　求字符串长度

求字符串长度函数：strlen(字符数组)；该函数的功能是求当前字符串的长度，计算长度时不包含字符串结束标记'\0'。例如：

```
char str[30]={"welcome to guangjiu"}
cout<<strlen(str);  //结果是 19,不包含'\0'
```

4.4.5　输出字符串函数

输出字符串函数：puts(字符数组)；该函数的功能是把字符数组存储的字符串输出出来。puts 字符串输出遇到'\0'就结束输出。例如：

```
char s2[]={"I love guangjiu\0gongchengxi"};
```

```
puts(s2);
```

运行结果是：I love guangjiu。而 gongchengxi 并未输出，因为字符串输出语句遇到'\0'就结束了输出。

4.4.6 输入字符串函数

输入字符串函数：gets(字符数组)；该函数的功能是在键盘(终端)输入一个字符串然后存储到字符数组中去，并返回当前字符数组的首地址。例如：

```
char str2[20];
gets(str2);      //在键盘输入 I love guangjiu
puts(str2);      //会在屏幕输出 I love guangjiu
```

4.4.7 字符串小写函数

字符串小写函数：strlwr(字符数组)；该函数的功能是把括号中的字符串全部变为小写，即使大写字母变为小写字母，小写字母保持不变。例如：

```
char str2[20]={"C Plus Plus"};
strlwr(str2);
cout<<str2<<endl;      //执行完后输出:c plus plus
```

4.4.8 字符串大写函数

字符串大写函数：strupr(字符数组)；该函数的功能是把括号中的字符串全部变为大写，即使小写字母变为大写字母，大写字母保持不变。例如：

```
char str2[20]={"C Plus Plus"};
strupr(str2);
cout<<str2<<endl;      //执行完后输出:C PLUS PLUS
```

4.4.9 字符串查找函数

字符串查找函数：strstr(字符串 1，字符串 2)；该函数的功能是在字符串 1 中自左边开始查找字符串 2，如果找不到返回 NULL，如果查到成功返回字符串 2 在字符串 1 首次出现的地址。

例 4-6 字符串查找函数 strstr 的应用。

```
int main( )
{
    char str1[20]={"C++JAVA JSP SSH"};
    char str2[20]={"Java"};
    char str3[20]={"JAVA"};
```

```
    if(strstr(str1,str2)==NULL)
        cout<<"在字符串 str1 中,没有发现字符串 str2"<<endl<<
endl;
    else
        cout<<"字符串 str2 在字符串 str1 中的位置:"<<strstr
(str1,str2)<<endl;
    if(strstr(str1,str3)==NULL)
        cout<<"在字符串 str1 中,没有发现字符串 str3"<<endl;
    else
        cout<<" str3 在 str1 中的位置(地址):"<<strstr(str1,
str3)<<endl<<endl;
    return 0;
}
```

程序运行结果如下：

在字符串 str1 中,没有发现字符串 str2

字符串 str3 在字符串 str1 中的位置:JAVA JSP SSH

程序分析如下：

(1) C++区分大小写,JAVA 和 Java 是不同的,所以,在字符串 1 中并未发现 Java,输出“在字符串 str1 中,没有发现字符串 str2”。

(2) 字符串 str3 中字符串 JAVA 在字符串 1 中出现了,返回的是首地址,也就是字符串 str1 中'J'的地址,使用 cout<<strstr(str1,str3);把从字符'J'开始到结尾的所有字符都输出,遇到'\0'截止,所以会输出“JAVA JSP SSH”。

课 后 习 题

一、选择题

1. 定义如下变量和数组

```
int  k; int  a[3][3]={1,2,3,4,5,6,7,8,9};
```

则下面语句的输出结果是(　　)。

```
for(k=0;k<3;k++)
cout<<a[k][2-k];
```

A. 357　　B. 369　　C. 159　　D. 147

2. 对两个数组 a 和 b 进行下列初始化,则下列叙述正确的是(　　)。

```
char m[]="1234567",n[]={'1','2','3','4','5','6','7'};
```

A. 数组 m 与数组 n 完全相同　　B. 数组 m 与数组 n 长度相同

C. 数组 m 比数组 n 长 1　　D. 数组 m 与数组 n 中都存放相同字符串

3. 设变量定义为 char s[]= "hello\nworld\n";则数组 s 中有(　　)个元素。

A. 12　　B. 13　　C. 14　　D. 15

4. 二维数组定义语句:int a[4][5];下面对元素 a[2][3]不正确的引用方式是(　　)。

A. *(&a[2][3])　　B. *(a+5*2+3)

C. *(a[2]+3)　　D. *(*(a+2)+3)

5. 下列程序的输出结果是(　　)。

```
#include <stdio.h>
#include <string.h>
int main( )
{
    char p1[20]="abcd",p2[20]="ABCD";
    char str[50]="xyz";
strcpy(str+ 2,strcat(p1+ 2,p2+ 1));
    cout<<str<<endl;
    return 0;
}
```

A. xyabcAB　　B. abcABz　　C. Ababcz　　D. xycdBCD

6. 不能把字符串 Hello! 赋给数组 b 的语句是(　　)。

A. char b[10]={'H','e','l','l','o','!'};

B. char b[10];　b="Hello!";

C. char b[10];　strcpy(b,"Hello!");

D. char b[10]="Hello!";

7. 以下对二维数组 a 进行正确初始化的是(　　)。

A. int a[2][3]={{1,2},{3,4},{5,6}};

B. int a[][3]={1,2,3,4,5,6};

C. int a[2][]={1,2,3,4,5,6};

D. int a[2][]={{1,2},{3,4}};

二、填空题

1. 计算机内存是一维编址的,多维数组在内存中的存储________,C/C++多维数组在内存中的排列是________方式,即越________的下标变化________。设数组 a 有 m 行 n 列,每个元素占内存 u 个字节,则 a[i][j]的首地址为________+________。

2. 若有定义 int a[][4]={1,2,3,4,5,6,7,8,9};则 a 数组第一维的大小是________。

3. 已知 char a[12]= "ab",b[12]= "defghi";则执行 cout<<strlen(strcpy(a,b));语句后输出结果为________。

4. 执行下面程序的输出结果是________。

```
#include<iostream>
using namespace std;
int main( )
{
    int i;
    int a[3][2]={1,2,3,4,5,6};
    for(i=0;i<2;i++)
        cout<<a[2-i][i]<<endl;
}
```

三、编程题

1. 利用数组实现数据的存储。将学生的学号和成绩存储在数组中,利用循环计算出数组中存储学生的平均成绩,找出高于平均分的学生信息并输出。

2. 有二维数组 a[3][3]={{1,2,3},{4,5,6},{7,8,9}},将数组 a 的每一行元素均除以该行上的主对角元素(第 1 行同除以 a[0][0],第 2 行同除以 a[1][1],…),按行输出新数组。

3. 使用数组编写程序,实现输入字符串的反向输出。

4. 有一个 3×4 的矩阵,要求编写程序找出每一行中最大值并与第一列交换。

5. 把一个整数插入由小到大排列的数列中,插入后仍然保持由小到大的顺序。

6. 随机输入一个字符串,然后在字符串中所有数字字符前加一个“*”字符。

第5章　函　　数

前面章节介绍了数据的基本类型和表达式、顺序结构、选择结构、循环结构、数组等知识，也介绍了一些小的程序。但这些程序都是在主函数（main 函数）内部书写的，如果程序越来越大，代码越来越多，会导致主程序越来越臃肿，不利于阅读，同时也不利于程序调试。这时可以把一个比较大的程序划分为若干个模块，每一个模块都是一个相对独立的程序，达到一定的功能，然后对这些小的模块单独开发和调试，最终一个程序由一个主程序和若干个模块组合而成。通常我们把使用的那些若干个相互独立的模块称为函数。使用函数有利于代码重用，提高开发效率，也便于分工合作，便于修改维护，同时使用函数更多的是关注函数本身达到的功能，而不用过多地去关注函数内部是如何实现的。

5.1　函数的定义和使用

在介绍主函数的时候曾介绍过，一个程序有且只能有一个主函数，主函数可以写在程序的任何位置，但程序的执行都是从主函数 main 开始，同时介绍过函数的最简略形式要包括 3 个部分：

```
函数名()                          例如，main()
{                                      {

}                                      }
```

只要具备这 3 点，就可以称之为一个函数。其中( )内可以没有参数，{}内可以没有函数体，但并不妨碍称它为函数，我们称之为空函数。

5.1.1　函数的定义

函数定义的语法格式如下：

```
函数类型　函数名(函数参数列表)
{
若干条语句;
}
```

定义函数名和变量都遵循同样的规则：可以使用字母、数字、下划线，开头第一个字母不能是数字，同时不能使用关键字，以及命名时尽量“见名知意”。

( )内是函数参数列表，函数参数列表可以为空，我们称之为无参函数，定义无参函数时，此处( )也不能省略；而函数在使用时，一般函数需要从调用者处接收信息，可以使用函数参数列表来接收信息，我们称为有参函数。有参函数的函数参数列表可以有一个参数，也可以有多个参数，如果有多个参数，参赛之间用“,”分割。例如，(int　a,int　b,int　c,int　d)；该函数参数列表定义了4个int参数，int是类型标识符，当然也可以是其他类型。这4个参数本身没有具体的数值，需要主调函数调用的时候进行传值，因此又称为形式参数，简称形参。主调函数中的参数称为实际参数，简称实参。形参的主要功能就是使主调函数和被调函数之间进行信息传递(值的传递)。

{ }内是函数体；函数体为空称为空函数，定义空函数时，{}也不能省略。函数体是整个函数的关键部分，可以为空，可以是一行语句，也可以是多行语句。

主调函数调用被调函数的目的是通过执行被调函数，返回一个结果给主调函数；而返回的这个结果，其数据类型和函数的类型是一致的，用return 结果；来实现。return语句还有一个重要的作用，就是当前函数结束执行。

5.1.2　函数的调用

函数可以先定义，后调用；也可以先调用，但要求在调用之前先进行函数原型声明。函数的调用可以理解为使用函数，实现函数的功能。函数调用格式是：

函数名(实参列表)；

定义函数时的参数列表是形参列表，是等待调用者进行传值。而调用函数的参数列表是真实的数据。调用函数时，要求实参和形参之间在个数、类型、顺序方面保持一致。

例5-1　定义一个函数，用选择排序法对10个数据从小到大进行排序。

```
int main( )
{
    void select_sort(int array[],int n);      //函数原型声明
    int a[11],i;
    cout<<"请输入原始的10个数据:"<<endl;
    for(i=1;i<11;i++)
        cin>> a[i];
    select_sort(a,10);                        //函数调用
    cout<<"排序后的10个数据:"<<endl;
    for(i=1;i<11;i++)
        cout<<a[i]<<" ";
```

```
    cout<<endl;
    return 0;
}
void select_sort(int array[],int n)          //函数定义
{
    int i,j,k,t;
    for(i=1;i<n;i++)
    {
        k=i;        //每圈找到一个最小的,与第 i 个位置的元素进行交换
        for(j=i+1;j<=n;j++)
            if(array[j]<array[k])
                k=j;        //每圈找到最小的,用下标 k 指向它
            t=array[k];
            array[k]=array[i];
            array[i]=t;
    }
}
```

程序运行结果如下:

请输入原始的 10 个数据:

10 9 8 7 6 5 1 3 2 4

排序后的 10 个数据:

1 2 3 4 5 6 7 8 9 10

程序分析如下:

(1) 函数调用语句写在函数定义语句之前,应使用函数原型声明,否则会导致在函数调用处,出现函数未定义的情况。

(2) 选择排序的基本思想:以升序为例,第一圈,从 n 个数据中找出最小的数据和第一个数据交换;第二圈,从第二个数据开始到最后一个数据,再找出一个最小的和第二个数据交换;依此类推,第 i 圈,从第 i 个数据开始到最后一个数据,再找出一个最小的和第 i 个数据交换,直到整个数据序列从小到大排序。

5.1.3　函数参数的传递方式

函数定义时的参数列表(形参),在被调用之前,形参并不占用存储空间;当发生函数调用时,给形参分配存储空间,调用函数的参数列表(实参)赋值给形参。实参可以是变量、常量或表达式;而形参必须是声明的变量,且必须指定类型。C++语言中,函数的参数传递主要包括值传递和参数传递。

1. 值传递

值传递是指函数参数列表不带任何修饰符的传递。使用值传递方式调用函数时,是把实参的值复制一份赋值给形参。调用过程中,无论形参的值如何改变,实参的值未发生变化。

例 5-2 采用值传递方式,修改形参列表的数据值,看实参是否变化。

```
void change(int m,int n)
{
    m=m+1;
    n=n+1;
}
int main( )
{
    int a=5,b=6;
    cout<<"变化前 a:"<<a<<"  "<<"变化前 b:"<<b<<endl;
    change(a,b);
    cout<<"变化后 a:"<<a<<"  "<<"变化后 b:"<<b<<endl<<endl;
    return 0;
}
```

程序运行结果如下:

变化前 a:5　变化前 b:6

变化后 a:5　变化后 b:6

程序分析:从程序可以看出,形参列表数据发生变化,实参仍然未发生变化。所以可以得出采用值传递方式,形参列表数据的改变对实参列表数据没有影响。

2. 引用传递

值传递是把实参的值赋值给形参。而引用传递实际上是传递实参的地址,引用传递后,实参和形参共同对应同一段内存空间,因此形参的值发生改变,实参的值也发生相应的变化。

例 5-3 采用引用传递方式,修改形参列表的数据值,看实参是否变化。

```
void change(int &m,int &n)
{
    m=m+1;
    n=n+1;
}
int main( )
```

```
{
    int a=5,b=6;
    cout<<"变化前 a:"<<a<<"  "<<"变化前 b:"<<b<<endl;
    change(a,b);
    cout<<"变化后 a:"<<a<<"  "<<"变化后 b:"<<b<<endl<<endl;
    return 0;
}
```

程序运行结果如下：

变化前 a:5　变化前 b:6

变化后 a:6　变化后 b:7

程序分析如下：

(1) 通过程序可以看出，采用引用传递时，形参值发生变化，实参值也相应发生了同样的变化。

(2) 引用本质上是给一个变量起的别名。形参相当于是为实参起的一个别名。

5.2 内联函数

C 语言程序中有宏函数，它是由预处理器对宏展开替换。C++语言新增内联函数可以来替代 C 语言中的宏函数。内联函数是真正的函数，是通过编译器来实现的。内联函数不是在调用时发生控制转移，而是在编译时将函数体展开嵌入在每一个调用处。这样避免了函数调用时的参数压栈和退栈操作，减少了调用时的时间和空间开销，内联函数比普通函数执行效率更高。因此，对于一些代码较少又频繁使用的函数，可以使用内联函数。

在 C++语言中使用 inline 关键字来定义内联函数，其中 inline 关键字放在函数定义的最前面即可。

例 5-4　内联函数示例。

```
inline int max(int a,int b,int c)
{
    int max;
    max=a>b? a:b;
    max=max>c? max:c;
    return max;
}
int main()
```

```
{
    int x=5,y=6,z=7;
    int k=max(x,y,z);
    cout<<"x,y,z 中最大值是:"<<k<<endl;
    return 0;
}
```

程序运行结果如下：

x,y,z 中最大值是:7

程序分析如下：

(1) max 函数定义时被定义为内联函数，因此程序中调用函数 max(x,y,z)；并没有发生函数调用，而是 max 函数体替换 max(x,y,z)。

(2) 关键字 inline 只是对编译器的一个要求，编译器并不保证一定兑现将 inline 修饰的函数统统作为内联函数。当函数代码行太长，出现递归等复杂结构时，编译器将会放弃内联，改为普通调用方式。

5.3　函 数 重 载

在程序设计过程中，一个函数对应一段代码达到某种目的，一般一个函数名对应一个具体的函数。但有的时候，某些函数代码实现的功能基本上是相同的，只是在类型、个数等细节上有所不同。如求 2 个整数和的函数，求 2 个实型数和的函数，函数实现基本是相同的，只是在变量数据类型上有所不同。像这种功能相似，却用不同函数来实现，不仅仅会增加程序的代码量，后续程序员自己看起来也比较烦琐，增加了阅读的困难。

C++语言支持函数重载来解决上述问题，允许多个函数使用相同的名字。函数重载的前提是几个函数的函数名相同，而关键在于函数参数列表不同。通常函数重载是在函数名相同时，参数个数不同、参数类型不同、参数类型的顺序不同来决定的。函数调用时根据实参和形参的类型及个数的匹配规则，自动确定调用哪一个函数。

例如：

(1) int sum(int a, int b);
　　float sum(float x , float y);　} 正确，形参的参数类型不同

(2) int sum(int a, int b);
　　int sum(int a, int b, int c);　} 正确，形参的参数个数不同

(3) int sum(int a, int b);
　　int sum(int x, int y);　} 错误，形参名不同不能决定函数是否重载

(4) int sum(int a, int b);
    void sum(int a, int b); } 错误,返回值不同不能决定函数是否重载

例 5-5 定义三个同名函数 add,分别求两个整数的和,三个整数的和,两个实型数的和。

```
int add(int a,int b)           //重载函数 1,2 个整数的和
{
    int c=a+b;
    return c;
}
int add(int a,int b,int c)   //重载函数 2,3 个整数的和
{
    int d=a+b+c;
    return d;
}
float add(float a,float b)   //重载函数 3,2 个实型数的和
{
    float c=a+b;
    return c;
}
int main( )
{

    int x,y,z;
    float m,n;
    cout<<"请输入 3 个整数:"<<endl;
    cin>>x>> y>> z;
    cout<<"前 2 个整数的和是:"<<add(x,y)<<endl;
                                             //调用重载函数 1
    cout<<"3 个整数的和是:"<<add(x,y,z)<<endl<<endl;
                                             //调用重载函数 2

    cout<<"请输入 2 个实数:"<<endl;
    cin>>m>>n;
    cout<<"2 个实型数的和是:"<<add(m,n)<<endl<<endl;
                                             //调用重载函数 3
```

```
    return 0;
}
```

程序运行结果如下：

请输入三个整数：

7 8 9

前2个整数的和是:15

3个整数的和是:24

请输入2个实数：

1.2　2.3

2个实型数的和是:3.5

程序分析：程序定义了3个重载函数，使用了相同的名字add，由参数列表个数不同、类型不同来决定调用的时候具体调用哪个函数。

5.4　带有默认参数的函数

根据实际情况函数调用时可以不传递参数，称为无参函数；也可以调用的时候传递参数，称为有参函数。程序设计时，在有参函数定义时，参数列表的参数值可以全部没有默认值，可以全部都有默认值，也可以只部分给予默认值。而在函数调用时，实参列表可以全部不传值而使用形参列表默认的值；也可以全部传值而不使用默认值；也可以部分传值，未传值的使用默认值。

例5-6　使用默认参数的函数实现求3个整数的和。

```
int add(int a=4,int b=5,int c=6)
{
    return a+b+c;
}
int main( )
{
    int x,y,z;
    cout<<"请输入3个整数:"<<endl;
    cin>>x>>y>>z;
    cout<<"全部使用默认值求和:"<<add( )<<endl;
    cout<<"全部不使用默认值求和:"<<add(x,y,z)<<endl;
    cout<<"部分使用默认值求和  add(x):"<<add(x)<<endl;
    cout<<"部分使用默认值求和  add(x,y):"<<add(x,y)<<endl<<
```

```
endl;
        return 0;
    }
```

程序运行结果如下：

请输入3个整数：

1 2 3

全部使用默认值求和:15

全部不使用默认值求和:6

部分使用默认值求和　add(x):12

部分使用默认值求和　add(x,y):9

程序分析如下：

(1) 该程序函数定义的时候,所有形参都有默认值;函数调用的时候采用了全部使用默认值,全部不使用默认值,部分使用默认值共3种方式进行调用。函数调用时,参数列表是从左向右传值,未传的值采用默认值。

(2) 函数定义参数列表除了全部都有默认值,还可以只有部分有默认值;如本题函数定义可以有以下3种正确形式：

```
int add(int a=4,int b=5,int c=6)  {    }  //默认参数列表形式1
int add(int a,int b=5,int c=6)    {    }  //默认参数列表形式2
int add(int a,int b,int c=6)      {    }  //默认参数列表形式3
```

通过以上3种形式可以看出,在定义函数时默认参数形成列表是从右向左有默认值,不能出现右边没有默认值而左边有默认值的情况：

int add(int a=4,int b,int c=6) { }　//错误,从右向左设置默认值,b无值则不能设置默认值a

5.5　函数的嵌套调用

C++语言中每一个函数都是一个独立的代码段,函数和函数之间是相互独立的,不能在一个函数内部包含另外一个函数。但C++语言允许在一个函数内部去调用另外一个函数,同时函数调用的结果也可以作为函数的参数继续参与函数调用。

例5-7　使用嵌套调用的方式求5个数的最大值。

```
int max(int a,int b)
{
    return a> b? a:b;
```

```
}
int main()
{
    int x2,x3,x4,x5,x6;
    cout<<"请输入 5 个整数:"<<endl;
    cin>>x2>>x3>>x4>>x5>>x6;
    cout<<"5 个数的最大值是:"<<max(max(max(max(x2,x3),x4),
x5),x6)<<endl<<endl;
    return 0;
}
```

程序运行结果如下：

```
请输入 5 个整数：
1 3 5 2 4
5 个数的最大值是:5
```

程序分析：求解 max(max(max(max(x2,x3),x4),x5),x6)，先求出最内层 max(x2,x3)的结果，然后把结果作为 max(max(x2,x3),x4)的参数继续求解，这样从内到外，经过对 max 函数的 4 次调用，得出最大值是 5。

5.6　函数的递归调用

一个函数可以被别的函数调用，也可以调用别的函数。在 C++语言中，函数也可以直接或间接地调用函数自己，这种直接调用自己或者借助于其他函数间接调用自己的函数称为递归函数。

例 5-8　根据已知条件用编程求解。有 5 个人坐在一起，问第五个人的岁数，他说比第 4 个人大 2 岁。问第 4 个人岁数，他说比第 3 个人大 2 岁。问第 3 个人，他说比第 2 个人大 2 岁。问第 2 个人，他说比第 1 个人大 2 岁。最后问第 1 个人，他说是 10 岁。请问第 5 个人多大？

```
#include<iostream>
using namespace std;
int age(int n)
{
    int c;
    if(n==1)                //第 1 个人的年龄是 10 岁，递归结束条件
        c=10;
```

```
    else c=age(n-1)+2;          //第n个人比第n-1个人大2岁
        return(c);
}
int main()
{
cout<<"第5个人的年龄是:"<<age(5)<<endl<<endl;
    return 0;
}
```

程序运行结果如下：

第5个人的年龄是:18

例5-9　用递归方法求和：

$$f(x) = \sum_{k=1}^{x} k^3$$

```
int f(int x)
{
    int sum;
    if(x==1)                    //递归结束条件
        sum=1;
    else
    sum=x*x*x+ f(x-1);          //递归公式
        return sum;
}
int main()
{
    int x;
    cout<<"请输入整型变量x:";
    cin>> x;
cout<<endl<<"最终结果是:"<<f(x)<<endl<<endl;
    return 0;
}
```

程序运行结果如下：

请输入整型变量x:4

最终结果是:100

课后习题

一、选择题

1. 函数调用时，下列说法中不正确的有（　　）。

A. 若用值传递方式，则形式参数不予分配内存

B. 实际参数和形式参数可以同名

C. 主调函数和被调用函数可以不在同一个文件中

D. 函数间传递数据可以使用全局变量

2. 下面叙述不正确的有（　　）。

A. 函数调用可以出现在表达式中

B. 函数调用可以作为一个函数的实参

C. 函数调用可以作为一个函数的形参

D. 函数可以直接调用其本身

3. 能把函数的 2 个数据返回给主调函数，下面的方法中不正确的是（　　）。

A. return 这 2 个数

B. 形参用 2 个元素的数组

C. 形参用 2 个这种数据类型的指针

D. 用 2 个全局变量

4. 数组名作为函数参数传递给函数时，数组名被处理成该数组的（　　）。

A. 长度　　B. 元素个数　　C. 各元素的值　　D. 首地址

5. 在 C＋＋语言程序中，在函数内部定义的变量称为（　　）。

A. 局部变量　　B. 全局变量　　C. 外部变量　　D. 内部变量

6. 以下叙述错误的是（　　）。

A. 一个 C＋＋语言程序有且仅有一个 main 函数

B. C＋＋语言程序中，main 函数是没有参数的

C. 一个函数通过其他函数间接调用了自身，这种情况也是一种递归调用

D. main 函数是由系统调用的

7. 函数 f 的定义如下，执行函数调用语句 z＝f(3)后 z 的值是（　　）。

```
f(int x) { if(x==0||x==1) return(3); return x*x-f(x-2); }
```

A. 0　　B. 9　　C. 6　　D. 8

8. 已知 int k＝0；以下程序的运行结果是（　　）。

```
void fun(int m) {m+=k;  k+=m;  cout<<m<<k++;  }
void main() {  int i=4;  fun(i++);  cout<<i<<k; }
```

A. 4455　　B. 4555　　C. 4445　　D. 4545

9. 以下函数定义形式正确的是(　　)。

A. double fun(int x,int y){ }

B. double fun(int x;int y){ }

C. double fun(int x,int y);{ }

D. double fun(int x,y);{ }

二、阅读程序题

1. 读程序写出程序运行结果。

```
int f(int b[],int m,int n)
{
    int i,s=1;
    for(i=m;i<n;i++)
    {
        b[i]=b[i-1]+b[i+1];
        s+=b[i];
    }
return s;
}
void main( )
{
        int x,a[]={1,2,3,4,5,6,7,8,9,10};
        x=f(a,3,5);
        cout<<x;
}
```

2. 读程序写出程序运行结果。

```
fun(int n)
{
    if(n==1|| n==2)
    return 2;
    return s=n-fun(n-2);
}
main( )
{
    cout<<fun(7);
}
```

3.读程序写出程序运行结果。

```
void  fun2( )
{
    static  int  a=1;
a++;
cout<<a;
}
void main(void)
{
    int i;
for(i=0 ;i<4 ;i++)fun2( );
}
```

4.读程序写出程序运行结果。

```
#include<iostream>
using namespace std;
void fun(int b[])
{
    static  int t=3;
    cout<<b[t];  t--;
}
void main( )
{
    int a[]={2,3,4,5},k;
  for(k=0;k<4;k++)
    {
        fun(a);
    }
}
```

三、编程题

1.编写一个程序,让它有以下功能:从键盘上输入1个5位数,对此整数中的5个数值进行从大到小排序,形成一个新的5位数,输出这个整数。

2.输入5个国家的名字,按字母顺序(即按ASCII码从小到大的顺序)排列输出。

3.编程解决如下问题。

有一个数学等式:AB * CD=BA * DC,式中的一个字母代表一位数字,编写函数找出所有符合上述要求的乘积式并打印输出。

4. 一个数学等式：ABCD * E= DCBA，式中的一个字母代表一位数字，试找出所有符合上述要求的乘积式并打印输出。

5. 请猜数字，该数字由系统随机产生。要求：用户最多有 10 次猜测的机会，如果在 10 次内猜对数字，则程序显示祝贺信息，如果连续 10 次都没有猜中数字，则游戏自动退出。

提示：可能用到以下库函数：

randomize( )；用系统的时间作为随机时间，包含于 stdlib. h 库中

random(100)：随机产生 0～99 之间的一个随机数，包含于 stdlib. h 库中

toupper( )：将字符转换为大写英文字母，包含于 ctype. h 库中

6. 求 s=a+aa+aaa+aaaa+aa…a 的值，其中 a 是一个数字。例如，2+22+222+2222+22222(此时共有 5 个数相加)，几个数相加由键盘控制。

7. 一球从 100 米高度自由落下，每次落地后反跳回原高度的一半，再落下。求它在第 10 次落地时，共经过多少米？第 10 次反弹多高？

8. 有 5 个人坐在一起，问第 5 个人的岁数，他说比第 4 个人大 2 岁。问第 4 个人的岁数，他说比第 3 个人大 2 岁。问第 3 个人的岁数，他说比第 2 个人大 2 岁。问第 2 个人的岁数，说比第 1 个人大 2 岁。最后问第 1 个人的岁数，他说是 10 岁。请问第 5 个人多大？

第6章　指针与引用

指针(Pointer)是编程语言C和C++中一个重要的数据类型。通过正确使用指针,可简化部分C++编程任务的执行。还有一些任务,没有指针是无法执行的,如动态内存分配。指针可以让我们直接去面对神秘的内存空间,可以赋予我们对内存进行直接操作的能力。因此,学习好指针是成为一名优秀的C++程序员的重要环节。但是指针的灵活性和难控制性也让许多程序员觉得难以驾驭,以致到了谈指针色变的程度。

6.1　指针的定义与初始化

6.1.1　指针的定义

要学好指针,那就要先了解指针的定义。那到底什么是指针呢?这里所讲的指针其实就是内存单元的地址。指针变量就是专门存放地址值的变量。举个例子,如果将一个变量看成一个叫308号的房间,那么可以通过房间号308来找出该房间的人A;也可以通过将房间308号的地址放在另外一个叫208号的房间里,先到208号的房间里拿到地址,然后再根据地址找到308号的房间。这时,308号房间的人A是变量的值,208号房间就是一个指针变量,308号的地址是指针,是指针变量的值。

指针变量是一种特殊的变量。利用地址,它的值直接指向存在计算机存储器中另一个地方的值。由于通过地址能找到所需的变量单元,可以说,地址指向该变量单元。因此,将地址形象化地称为“指针”。意思是通过它能找到以它为地址的内存单元。它不同于一般的变量,一般变量存放的是数据本身,而指针变量存放的是数据的地址。

假设在程序中声明了1个int型的变量a,其值为68。系统为变量a分配的首地址为0x065FDF4H,p=a是存放变量a地址的指针变量,即p=a中存放的值为0x065FDF4H。对变量a的访问有两种方式:一是直接按地址0x065FDF4H找到a的存储单元,从而对变量a进行访问;二是按系统为p=a分配的地址先找到p=a,然后根据p的值(即变量a地址0x065FDF4H)找到变量a在内存中的存储单元,从而对变量a进行访问。对于前一种访问方式称为直接访问方式,后一种访问方式称为间接访问方式。

如果一个指针变量存放的是某个对象的地址，则称这个指针变量指向该对象。在C++程序设计中，指针变量只有确定了指向才有意义。

定义指针变量的一般形式如下：

类型名 * 指针变量名 1, * 指针变量名 2,…, * 指针变量名 n ;

例如：

```
int zzbl=88;             //定义一个名为 zzbl 普通的整型指针变量
int *zhizhen=&zzbl;   //定义一个指向变量 zzbl 的指针变量，&为取地址运算符
```

6.1.2 指针的初始化

使用指针必须先对其进行初始化或赋值，以避免出现指向非法空间。赋值时要求将一个合法的变量地址赋给它。

指针变量赋值应注意：

(1) 指针变量的赋值必须是一个合法的地址值；

(2) 目标变量的类型与指针变量定义时的类型必须匹配。

例如：

```
int zzbl;                    //定义一个名为 zzbl 普通的整型指针变量
int *zhizhen=&zzbl;          //合法，类型匹配
char *zhizhen=&zzbl;         //非法，类型不匹配
```

6.2 指针的使用

指针是一种数据类型，也可以进行相关的运算，那具体都有些什么应用呢？本节将介绍指针运算符和指针变量的运算。

6.2.1 指针运算符

C++提供了两种指针运算符：一种是取地址运算符 &；另一种是取内容运算符 *（也可称为间接寻址运算符）。

1. 取地址运算符 &

取地址运算符“&”是一元运算符，写在某一变量的前面，它表示获取该变量在内存中的存储单元的地址值。该运算符在运算时是从右向左顺序进行的。

例如，如果 zzbl 是一个整型变量，则 &zzbl 表示的是获得该变量的地址，可以读作“zzbl 的地址”。

2. 取内容运算符 *

取内容运算符 *，又称为间接寻址运算符，也是一元运算符，写在某一指针变量的前面，表示获取该指针变量所指向的地址中所存储的值。该运算符在运算时也是从右向左顺序进行的。在 * 运算符后跟的变量必须是指针。

例如：

```
#include <iostream>
using namespace std;
int main( )
{
  int  zzbl;
  int  *zz;
  int  zzblz;
  zzbl=1000;
  zz=&zzbl;
  zzblz= *zz;
  cout <<" zzbl 的值是 :" <<zzbl <<endl;
  cout <<" zz 的值是:" <<zz <<endl;
  cout <<" zzblz 的值是:" <<zzblz<<endl;
  return 0;
}
```

当上面的代码被编译和执行时，它会产生下列结果：

```
zzbl 的值是:1000
zz 的值是:0x28ff04
zzblz 的值是:1000
```

注意：同样是“ * ”符号，在定义指针变量语句(int　* zz;)中的“ * ”是类型说明符，而在表达式语句(zzblz= *zz;)中的“ * ”是内容运算符。

6.2.2　指针变量的运算

指针变量涉及的运算主要有赋值运算、关系运算和算术运算。下面具体介绍指针变量参与的这些运算以及相应的运算规则。

1. 赋值运算

由于指针的特殊性，因此要求指针在使用之前必须对其进行赋值。指针变量的赋初值既可以在声明的同时进行初始化，也可以在声明之后专门用赋值语句进行赋值。

(1) 在指针变量声明的同时进行初始化,语法格式如下:

数据类型 * 指针变量名=地址;

(2) 指针变量在声明之后专门用赋值语句进行赋值,语法格式如下:

指针变量名=地址;

注意:变量声明时,若没有具体的地址可赋值,则建议为指针变量赋 NULL 值(0 值),此时赋为 NULL 值的指针称为空指针,它不指向任何变量。

常见的可以用于指针变量赋值的地址主要有以下几种:

(1) 变量的地址。

例如:

```
int  zzbl;               //定义了 zzbl 变量
int  *zz=&zzbl;          //将 zzbl 变量的地址赋值给指针变量 zz。
```

(2) 数组名。

例如:

```
char  shuzu[8];
char  *zz=shuzu;
```

说明:数组名 shuzu 表示该数组所占空间的首地址,是合法地址值。

(3) 字符串常量。

例如:

```
char *zz="guang jiu";
```

说明:此"guang jiu"字符串表示的是该字符串所占空间的首地址,是合法地址值。

(4) 函数名。

例如:

若有某个函数 max( ),可以使用赋值语句进行指针变量赋值。

```
int *zz=max;
```

说明:函数的名称代表了函数的入口地址,因此也可以直接用来赋值。

(5) 其他已赋值的指针变量。

例如:

```
int  zzbl;              //定义了 zzbl 变量
int  *zz=&zzbl;         //表示将 zzbl 变量的地址赋给指针变量 zz
int  *zz1=zz;           //表示将指针 zz 的值(zzbl 变量的地址)赋值给
zz1;此时 zz1 与 zz 都指向 zzbl 变量的地址
int  *zz2=&zz;          //表示将指针变量 zz 的地址赋值给 zz2,此时指针
zz2 指向的是指针变量 zz 的地址
```

2. 关系运算

由于指针变量中所存储的值都是地址，因此指针变量进行关系运算，实际上是对其存储的地址值进行比较。该运算一般只限定在两个同种类型的指针变量之间，若两个指针变量相等，则说明指针变量指向的是同一个内容的地址。

例如：有两个指针 zz1 和 zz2，若 zz1＝＝zz2，表示 zz1 和 zz2 中的地址值相同；若 zz1〉zz2，表示 zz1 的地址值大于 zz2 中的地址值；若 zz1〈zz2，表示 zz1 的地址值小于 zz2 的地址值。

3. 算术运算

指针可以参与的算术运算并不多，主要有以下两种。

(1) 指针变量与整数进行加减运算。

指针变量加上或者减去一个整数，表示的是把当前指针指向的位置向前或向后移动一个整数位置。

例如：

```
int *zz;
```

那么 zz＋1 就是从当前的地址向后第一个变量的地址，zz－2 就是从当前的地址向前第二个变量的地址。

(2) 两个指针变量进行相减。

两个指针变量进行相减表示的是两个指针所指向的数组元素之间相差的元素个数，即两个指针值相减之差除以该数组元素的长度。

例如：

```
float sz[8], *zz1, *zz2;
zz1=&sz[2];
zz2=&sz[5];
```

若两个指针变量相减，则表示两个变量之间相差了 3 个元素，相当于(zz1 的地址值－zz2 的地址值)/浮点数组元素长度 4。

6.3　指针与数组

在前面介绍过，可以直接用数组名来给指针变量进行赋值，数组名也可以看成是常量指针。其实指针与数组的关系远不止如此。在 C＋＋中，指针和数组的关系相当密切，数组作为参数传递、数组元素的存取，都可以通过指针操作来完成。在很多时候它们几乎可以相互表示。

6.3.1　指针与一维数组

在 C＋＋中，数组的名字是数组的首元素的地址，也指向该数组中第一个元素

(下标为 0)的指针,故访问一维数组元素可采用以指针的形式和以下标的形式两种方式来实现。

例如:

```
int sz[3], *zz;
zz=sz;
```

该数组元素以指针的形式访问:*(sz+i),i=0,1,2 或 *(zz+i),i=0,1,2。

该数组元素以下标的形式访问:sz[i],i=0,1,2 或 zz[i],i=0,1,2。

此处以 *(zz+i)和 zz[i]为例,它们都表示先取出 zz 变量里存储的值,再加上 i 个数组元素所占空间的大小,计算出新的地址,然后从新的地址中取出值。

6.3.2 指针数组与数组指针

指针数组,就是存放指针的数组,数组里的元素是指针。

例如:

```
int *sz[8];          //整型指针数组,数组中的每一个元素都是指针
int a[3]={1, 2, 3};
int x=5;
sz[0]=&x;
sz[1]=&a[2];
```

注:根据指针的概念,可以得知此例子中,*sz[0]=*&x=5。

数组指针,就是指向数组的指针,它是一个指针,指向一个数组。

例如:

```
int (*sz)[8]; //数组指针,指向一个数组
int a[3]={1, 2, 3};
int (*sz)[8]=a;//这条语句不成立
```

右边 a 是数组名,就是 &a[0],数组名的类型相当于整型指针 int *,因为它指向了第一个元素,第一个元素是 int 型。

左边是数组指针,指向数组的指针,不是指向整型的指针,不能赋值。

因此,应该修改为:

```
int a[3]={1, 2, 3};
int (*ptr)[3]=&a;//正确。因为 a 是一个数组,&a 就是数组的地址
```

为了更好地理解指针数组和数组指针,可以对比下面的两段代码。

代码段 1:

```
int a[3]={1, 2, 3};
int x=5;
int *p=&x;
```

```
cout<< *p <<endl; //输出 5
```

代码段2：

```
int a[3]={1, 2, 3};
int (*sz)[3]=&a;
cout <<(*sz)[0] <<endl;  //输出 1
cout <<(*sz)[1] <<endl;  //输出 2
```

说明：在代码段1中，p是一个指向整型的指针，* p就是所指向的变量（整型x）的值。在代码段2中，sz是指向数组的指针，* sz就是所指向的变量（数组a）的值。

6.3.3 指针与二维数组

二维数组在内存中是按照一维线性排列的，每个数组元素均按其类型占有几个连续的内存单元。因此，二维数组可以参照一维数组的模式，利用指针的运算来间接访问该数组里的所有元素。

例如：

```
int a[2][3];              //定义了一个 2 行 3 列的二维数组 a，含 6 个整数
int *zz=&a[0][2];         //定义一个指向数组第 1 行第 3 列元素的指针 zz
```

此时，可以利用指针zz的上下移动来访问数组a中的其他元素。

如执行：

```
while(zz> =&a[0][0]) cout<< *(zz--);
```

则可访问到a[0][0]、a[0][1]和a[0][2]这三个元素。

如执行：

```
while(zz<=&a[1][2]) cout<< *(zz++);
```

则可访问到a[0][2]、a[1][0]、a[1][1]和a[1][2]这四个元素。

编译器习惯将二维数组看成是一个一维数组，而该一维数组中的每一个元素又都是一个一维数组。

例如：

```
int a[3][8];
int(*zz)[8]=a;
```

其中，指针zz指向一块8×4=32 B的一维数组空间，即数组a的第一行空间。假设i为整数，则zz+i表示的是先取得zz变量的内容，然后加上i个数组的空间大小（即相当于i×8个整型元素的空间大小），获得新的地址。

访问二维数组的方式也可以分为以下两种。

以下标的形式访问：a[i][j]，i=0，1，2；j=0，1，2，3，4，5，6，7或zz[i][j]，i=0，1，2；j=0，1，2，3，4，5，6，7。

以指针的形式访问：*(*a+i)+j,i=0,1,2;j=0,1,2,3,4,5,6,7 或*(*(zz+i)+j),i=0,1,2;j=0,1,2,3,4,5,6,7。

其中，*(*(zz+i)+j)运算的过程是：先计算*(zz+i)，取出 zz 变量里存储的地址值，加上 i 个数组的空间大小，得到 1 个新地址，然后取出该地址上的值；接着计算*(*(zz+i)+j)，*(zz+i)是元素所在的地址，这时加 j 就是加上 j 个元素的空间大小，得到新地址，最后通过取值运算得到该地址上的值，即元素 a[i][j]。

在二维数组中，通常会把 a+i 或 zz+i 这种表示每一行的地址，称为行指针；而把如 a[i]+j 或*(zz+i)+j 这种表示某个元素的地址，称为列指针。行指针每增加 1，则表示越过一行的空间大小；而列指针每增加 1，则表示越过一个元素的空间大小。

例 6-1 利用指针实现 4×4 矩阵转置。

```
#include<iostream>
#include<iomanip>
using namespace std;
int main()
{
    int a[4][4];
    int i,j,t;
    int (*p)[4];
    p=a;
    cout<<"请输入一个 4×4 的矩阵："<<endl;
    for(i=0;i<4;i++)
        for(j=0;j<4;j++)
            cin>> *(*(a+ i)+j);
    for(i=0;i<4;i++)
        for(j=i;j<4;j++)
        {
            t= *(*(p+ i)+j);
            *(*(p+ i)+j)= *(*(p+j)+i);
            *(*(p+ j)+i)=t;
        }
    cout<<"转置后的矩阵："<<endl;
    for(i=0;i<4;i++)
    {
        for(j=0;j<4;j++)
```

```
            cout<<setw(5)<<p[i][j]<<"  ";
        cout<<endl;
    }
    return 0;
}
```

运行结果如下：

请输入一个 4×4 的矩阵：

```
 2  4 56  6
23 32 23  3
 3  4  5  6
23  4  2  2
```

转置后矩阵：

```
 2 23  3 23
 4 32  4  4
56 23  5  2
 6  3  6  2
```

6.3.4 指针和数组的区别

指针和数组虽然很多时候几乎可以相互表示，但还是有些区别的，可以通过以下例子来认识一下区别。

例如：

```
int *a=new int[10];
int b[10];
cout<<sizeof(a);
cout<<sizeof(b);
```

注：其中，a 是一个指针，指向一个 int 类型的数组，sizeof(a)＝4，表示的是指针所占的字节数。而 sizeof(b)＝40；则包含了 b 数组占用的所有的字节长度。

6.4 指针与字符串

在 C＋＋中，字符串是以′/0′结尾的字符数组，通过字符串中的第一个字符的地址访问字符串，所以通常也把字符串当成是常量指针，即是指向字符串首地址的指针，这一点和数组很相似。

因此,字符串可以通过指针或数组这两种方式来建立。

例如:

```
char *zhizhen="guangjiu"; //指针方式
char shuzu[]="guangjiu"; //数组方式
```

说明:这两种方式都定义了指向字符串的指针“guangjiu”,字符串所需空间的大小都取决于其本身,两者都可以作为指针进行加法运算。

例如:

```
for(i=0,i<5;i++)
cout<< *(zhizhen+i);
```

和

```
for(i=0,i<5;i++)
cout<< *(shuzu+i);
```

运行结果均为:guang

但不同的地方是指针 shuzu 是一个常量,而指针 zhizhen 是一个变量,因此指针 zhizhen 可以采用自增运算(++),而指针 shuzu 不行。

```
while(*(zhizhen)! ='/0')
        cout<< *(zhizhen++);
```

运行结果:guangjiu

6.5 指针与函数

在 C++中,指针与函数的关联运用主要集中在以下两方面:指针作为函数参数和指针作为函数返回值。

6.5.1 指针作为函数参数

在 C++中,函数的参数不仅可以是基本类型的变量、对象名、数组名,而且还可以是指针。以指针作为形参,在调用时实参将值传递给形参,也就是使得实参和形参指针变量指向同一个内存地址。在子函数运行过程中,通过形参指针对数据值的改变也同样影响着实参指针所指向的数据值。因此,为了避免函数里重新建立大量临时空间,通常会将一些占用空间较大的变量通过指针传递到函数里。

下面将以如何编写一个用指针进行参数传递的函数来实现 3 个整数按由小到大输出的程序为例来说明。

```
#include<iostream>
using namespace std;
void jh(int *, int *);
```

```
int main( )
{  int a,b,c;
    int *p=&a, *q=&b, *r=&c;            //给指针赋值
    cout<<"请输入 3 个数:"<<endl;
    cin>>a>>b>>c;
    jh(p,q);                             //比较大小,将小的排在前面
    jh(p,r);
    jh(q,r);
    cout<<"按由小到大的排列为:"<<endl;
    cout<<a<<"  "<<b<<"  "<<c<<endl;
    return 0;
}
void jh(int *x, int *y)
{
    int *z;
    if(*x> *y)
    {
        z=x; x=y; y=z;
    }
}
```

程序运行结果如下：

请输入 3 个数：

4　8　2

按由小到大的排列为：

4　8　2

从此程序中会发现，运行结果并没有按预期相互比较后按由小到大顺序输出。仔细分析，可以发现此例中的函数 jh( )只是比较了传进来的两个数据的大小，并没有对其内容进行交换。因为函数传递时将实参的值赋值给了形参。形参 x，y 里保存的是数据所在的地址，当比较大小后，x 与 y 的值进行交换，只是改变了指针 x 和指针 y 的指向，而数据本身没有交换。若要希望函数 jh( )在比较后能进行内容的交换，则可对函数 jh( )进行如下改造。

```
void jh(int *x, int *y)
{
    int z;
    if(*x> *y)
```

```
    {
        z= *x;  *x= *y;  *y=z;
    }
}
```

程序运行结果如下：

请输入3个数：

4　8　2

按由小到大的排列为：

2　4　8

此时，函数就实现了正确的输出。

由上可知，将指针作为函数参数进行传递时，实参和形参仍然进行的是“值传递”；实参会不会通过形参而被改变，取决于函数里有没有通过形参对目标变量进行修改。

6.5.2　指针作为函数返回值

在C++中，每个函数都具有返回值类型，在有返回值的情况下，返回值类型就是该返回值的数据类型。返回值的数据类型不仅可以是常见的整型、浮点型等基本数据类型，也可以是指针。通常把返回值是指针的函数称为指针函数。

指针函数定义的语法格式如下：

```
数据类型　*函数名(形式参数表)
{
函数体
}
```

例如：

```
int *hanshu(int *a,int *b)
```

当使用指针作为函数的返回值时，需要注意，接收函数返回值的指针变量必须与返回值类型相一致；返回的地址必须是一个合法的地址。

6.6　引　　用

引用就是给某一个变量取一个别名，是C++常用的重要内容之一。如果能正确、灵活地使用引用，可以让程序变得更加高效简洁。

6.6.1　引用的定义

引用其实就是某一变量的一个别名，因此可以说引用是变量的同义词，对引用的操作与对变量直接操作完全一样。

定义引用的语法格式为：

数据类型 & 引用名＝目标变量名；

例如：

```
int a; //定义一个整型变量 a
int &yy=a; //定义引用 yy,即 yy 是变量 a 的引用(别名)
```

说明：

(1)“&”在此不是求地址运算，而是起标志作用。

(2) 引用名 yy 前的数据类型标识符 int 必须与目标变量 a 的类型相同。

(3) 声明引用时，必须同时对其进行初始化。

(4)引用声明完毕后，相当于目标变量名有两个名称，即该目标原名称和引用名，且不能再把该引用名作为其他变量名的别名。

(5) 声明一个引用，并没有新定义一个变量，它只是表示该引用名是目标变量名的一个别名，因此引用本身并不占存储单元，系统也不给引用分配存储单元。所以，若对引用求地址，就是对目标变量求地址，即 &yy 与 &a 等价。

(6) 不能建立数组的引用。因为数组是一个由若干个元素所组成的集合，所以无法建立一个数组的别名。

6.6.2　引用的使用

引用的使用主要有 3 种方式：①独立使用；②作为函数参数使用；③作为函数返回值使用。

1. 独立使用

引用是变量的别名，因此这两个可以看成是名称不同，变量的地址相同，因此大多数时候引用可以当作变量独立使用。

例如：

```
#include<iostream>
using namespace std;
int main( )
{
int bl;
int &yy=bl;
cout<<"bl 的地址是"<<&bl<<endl;
cout<<"yy 的地址是"<<&yy<<endl;
yy=88;
```

```
cout<<"当 yy 的值为 88 时,bl 的值是"<<bl<<endl;
bl=8;
cout<<"当 bl 的值为 8 时,yy 的值是"<<yy<<endl;
return 0;
}
```

程序运行结果如下:

```
bl 的地址是 0x28ff08
yy 的地址是 0x28ff08
当 yy 的值为 88 时,bl 的值是 88
当 bl 的值为 8 时,yy 的值是 8
```

2.作为函数参数使用

引用的一个重要作用就是作为函数的参数。以前 C 语言中函数参数传递的是值,如果有大块数据作为参数传递时,采用的方案往往是指针,因为这样可以避免将整块数据全部压栈,提高了程序的效率。但是现在 C++中又增加了一种同样有效率的选择(在某些特殊情况下又是必需的选择),就是引用。

引用传递能够改变实参的值,即没有返回值。

例如:

```
void swap(int &p1, int &p2) //此处函数的形参 p1 和 p2 都是引用
{
    int p;
    p=p1;
    p1=p2;
    p2=p;
}
```

为在程序中调用该函数,相应的主调函数的调用点处,直接以变量作为实参进行调用即可,而不需要实参变量有任何的特殊要求。例如,对应上面定义的 swap 函数,相应的主调函数可写为:

```
int main()
{
  int a,b;
  cin>>a>>b;            //输入变量 a 和 b 的值
  swap(a,b);            //直接以变量 a 和 b 作为实参调用 swap 函数
  cout<<a<<' '<<b;      //输出 a 和 b 的值
return 0;
```

```
}
```

程序运行后,如果输入数据10,20并回车后,则输出结果为20,10。

由此例中可以看出:

(1) 传递引用给函数与传递指针的效果是一样的。这时,被调函数的形参就成为原来主调函数中的实参变量或对象的一个别名来使用,所以在被调函数中对形参变量的操作就是对其相应的目标对象(在主调函数中)的操作。

(2) 使用引用传递函数的参数,在内存中并没有产生实参的副本,它是直接对实参操作;而使用一般变量传递函数的参数,当发生函数调用时,需要给形参分配存储单元,形参变量是实参变量的副本;如果传递的是对象,还将调用拷贝构造函数。因此,当参数传递的数据较大时,用引用比用一般变量传递参数的效率和所占空间都好。

(3) 使用指针作为函数的参数虽然也能达到与使用引用的效果,但是在被调函数中同样要给形参分配存储单元,且需要重复使用"*指针变量名"的形式进行运算,这很容易产生错误且程序的阅读性较差。另一方面,在主调函数的调用点处,必须用变量的地址作为实参。而引用更容易使用,更清晰。

3. 作为函数返回值使用

要以引用返回函数值,可以将函数调用结果作为"变量"来进行使用,即作为左值的存储空间进行运算。

此时,函数定义时格式如下:

类型标识符 & 函数名(形参列表及类型说明)

{

函数体

}

说明:

(1) 用引用返回函数值,定义函数时需要在函数名前加&。

(2) 用引用返回一个函数值的最大好处是在内存中不产生被返回值的副本。

例如,以下程序中定义了一个普通的函数fn1(它用返回值的方法返回函数值),另外一个函数fn2,它以引用的方法返回函数值。

```
#include <iostream.h>
float temp;                //定义全局变量 temp
float fn1(float r);        //声明函数 fn1
float &fn2(float r);       //声明函数 fn2
float fn1(float r)         //定义函数 fn1,它以返回值的方法返回函数值
{
```

```
  temp=(float)(r*r*3.14);
  return temp;
}
float &fn2(float r)       //定义函数 fn2,它以引用方式返回函数值
{
  temp=(float)(r*r*3.14);
  return temp;
}
void main()               //主函数
{
  float a=fn1(10.0);      //第一种情况,系统生成要返回值的副本(即临时变量)
  float &b=fn1(10.0);     //第二种情况,可能会出错
                          //不能从被调函数中返回一个临时变量的引用
  float c=fn2(10.0);      //第三种情况,系统不生成返回值的副本
                          //可以从被调函数中返回一个全局变量的引用
  float &d=fn2(10.0);     //第四种情况,系统不生成返回值的副本
                          //可以从被调函数中返回一个全局变量的引用
  cout<<a<<c<<d;
}
```

引用作为返回值,必须遵守以下规则:

(1) 不能返回局部变量的引用。主要原因是局部变量会在函数返回后被清除,因此被返回的引用就成为"无所指"的引用,程序会进入未知状态。

(2) 不能返回函数内部 new 分配的内存的引用。虽然不存在局部变量的被动消除问题,可对于这种情况(返回函数内部 new 分配内存的引用),又面临其他尴尬局面。例如,被函数返回的引用只是作为一个临时变量出现,而没有被赋予一个实际的变量,那么这个引用所指向的空间(由 new 分配)就无法释放,造成 memory leak。

(3) 可以返回类成员的引用,但最好是 const。主要原因是当对象的属性是与某种业务规则相关联的时候,其赋值常常与某些其他属性或者对象的状态有关,因此有必要将赋值操作封装在一个业务规则当中。如果其他对象可以获得该属性的非常量引用(或指针),那么对该属性的单纯赋值就会破坏业务规则的完整性。

6.6.3　引用和指针的区别

引用与前面所学的指针虽然有类似的地方,但区别还是挺大的。

首先，引用不可以为空，但指针可以为空。引用既然是变量的别名，所以定义一个引用的时候，必须初始化。声明指针是可以不指向任何对象，所以使用指针之前必须做判空操作，而引用就不必。因此，如果有一个变量是用于指向另一个对象，但是它可能为空，这时你应该使用指针；如果变量总是指向一个对象，不允许变量为空，这时你应该使用引用。

其次，引用不可以改变指向，只能认准一个对象；但是指针可以改变指向，而指向其他对象。指针指向一块内存，它的内容是所指内存的地址；而引用则相当于是某块内存的别名，引用不改变指向。

6.7　动态内存分配

在前面的章节里我们学习过数组的知识，会发现在用数组时，就必须在数组定义时先确定好数组的大小。如果这个数组大小预设得比较小，则会影响数据的正确处理；如果这个数组大小预设得太大，则会造成内存资源的浪费。但要在一开始就能准确预设好数组的大小显然是相当难的事情。

为了能更好地解决上面提到的这种情况，C＋＋提供了一种灵活的内存分配机制，使得程序在运行时，可以根据实际需要，要求操作系统临时分配一片内存空间用于程序使用。这种内存分配是在程序运行时进行的，而不是在编译时就确定的，称为“动态内存分配”。

6.7.1　内存动态分配 new 运算符

C＋＋中可以通过 new 运算符来实现动态内存分配。

第一种用法：

```
P=new T;
```

T 是任意类型名，P 是类型为 T 的指针。这样的语句会动态分配大小为 sizeof(T)字节的内存空间，并且将该内存空间的起始地址赋值给 P。

例如：

```
int *p;
p=new int;
*p=5;
```

第二行动态分配了一片 4 个字节大小的内存空间，而 p 指向这片空间。通过 p 可以读写该空间。

第二种用法：

用来动态分配一个任意大小的数组：

```
P=new T[n];
```

T 是任意类型名，P 是类型为 T 的指针，n 代表“元素个数”，可以是任何值为正整数的表达式，表达式中可以包含变量、函数调用等。这样的语句动态分配出 n×sizeof(T)个字符的内存空间，这片空间的起始地址被赋值给 P。例如：

```
int *pn;
int i=5;
pn=new int[i *20];
pn[0]=20;
pn[100]=30;
```

最后一行在编译时没有问题，但运行时会导致数组越界。因为上面动态分配的数组只有 100 个元素，pn[100]已经不在动态分配的这片内存区域之内了。

6.7.2　内存释放 delete 运算符

程序从操作系统动态分配所得的内存空间在使用完后应该释放，交还操作系统，以便操作系统将这片内存空间分配给其他程序使用。C++提供 delete 运算符，用于释放动态分配的内存空间。delete 运算符的基本用法如下：

```
delete 指针;
```

该指针必须指向动态分配的内存空间，否则运行时很可能会出错。

例如：

```
int *p=new int;
*p=5;
delete p;
delete p;            //本句会导致程序出错
```

上面的第一条 delete 语句已经正确地释放了动态分配的 4 个字节内存空间。第二条 delete 语句会导致程序出错，因为 p 所指向的空间已经释放，p 不再是指向动态分配的内存空间的指针了。

如果是用 new 的第二种用法分配的内存空间，即动态分配了一个数组，那么释放该数组时，应以如下形式使用 delete 运算符：

```
Delete []指针;
```

例如：

```
int *p=new int[20];
p[0]=1;
delete []p;
```

同样的，要求被释放的指针 p 必须是指向动态分配的内存空间的指针，否则会出错。

说明：

(1) 如果要求分配的空间太大,操作系统找不到足够的内存来满足,那么动态内存分配就会失败,此时程序会出现异常。

(2) 如果动态分配了一个数组,用"delete 指针"的方式释放,但没有用"[]",则编译时没有问题,运行时也一般不会发生错误,但实际上会导致动态分配的数组没有被完全释放。

(3) 用new运算符动态分配的内存空间,一定要用delete运算符释放,确保其后的每一条执行路径都能释放它。

(4) 释放一个指针,并不会使该指针的值变为NULL。

课 后 习 题

一、选择题

1. 变量的指针,其含义是指该变量的( )。

A. 值　　B. 地址　　C. 名　　D. 一个标志

2. 下面判断正确的是( )。

A. char *a="china";等价于 char *a; *a="china";

B. char str[10]={"china"};等价于 char str[10]="china";

C. char *str="china";等价于 char str[10]="china";

D. char c[4]="abc",d[4]="abc";等价于 char c[4]=b[4]="abc";

3. 设 char *s="\ta\017bc";则指针变量 s 指向的字符串所占的字节数是( )。

A. 9　　B. 5　　C. 6　　D. 7

4. 下面程序段的运行结果是( )。

```
char *s="abcde"; s+=2; printf("% d",s);
```

A. cde　　B. 字符'c'　　C. 字符'c'的地址　　D. 无确定结果

5. 设有程序段:char s[]="china"; char *p; p=s; 则下列叙述正确的是( )。

A. s 和 p 完全相同

B. 数组 s 中的内容和指针变量 p 中的内容相等

C. s 数组长度和 p 所指向的字符串长度相等

D. *p 与 s[0]相等

6. 如下程序段中,可能会产生编译错误的语句是( )。

```
int i=0,j=1;
```

```
int &r=I;              //1
r=j;                   //2
int *p=&I;             //3
*p=&r;                 //4
```

A. 1　　B. 2　　C. 3　　D. 4

二、程序阅读题

1. 下列程序运行后的输出结果是(　　)。

```
#include<iostream>
using namespace std;
sub(int x, int y, int *z)
{
*z=y-x;
}
main()
{
int a,b,c;
sub(10,5,&a); sub(7,a,&b); sub(a,b,&c);
printf("% 4d,% 4d,% 4d\n",a,b,c);
}
```

2. 下列程序运行后的输出结果是(　　)。

```
#include<iostream>
#include<stdio.h>
using namespace std;
void delch(char *s)
{
int I,j;
char *a;
a=s;
for(I=0,j=0;a[I]! ='\0';I++)
if(a[I]>='0'&&a[I]<='9'){s[j]=a[I];j++;}
s[j]='\0';
}
main()
{
```

```
char *item="a34bc";
delch(item);
printf("\n% s",item);
}
```

三、编程题

1. 利用指针，将输入的字符串反序输出。

2. 利用指向行的指针变量，求 5×3 数组的各元素之和。

第7章　构造数据类型

前面我们已经学习和使用了一些基本数据类型，如char、int、float、double等类型。当使用的变量很多的时候，C++语言还为我们提供了数组，供我们批量定义变量。第4章中介绍过，数组元素在内存中连续存储，并且要求每个元素的类型都一致。而实际程序开发中，相关的批量元素的类型并不是一致的，C++语言允许程序员自己定义构造数据类型。

7.1　结构体定义和使用

7.1.1　结构体类型定义

在前面章节介绍过，定义1个int变量，使用int　x；定义3个int变量，可以使用int x,y,z；如果定义10000个int变量，可以使用int x[10000]；即可。但如果要记录老师的信息，如工号、姓名、性别、职称、学历、职务、工资等信息，由于这些属性的类型不同，无法使用普通的数组来解决这个问题，逐个的变量定义又显得过于烦琐。C++语言允许用户自定义数据类型“结构体”来解决这个问题。

表7-1是教师结构体的各个属性，可以根据该属性定义结构体。

```
struct Teacher
{
  long number;            //工号
  char name[30];          //姓名
  char sex;               //性别
  char diploma[20];       //学历
  char title[20];         //职称
  char post[20];          //职务
  float allowance;        //津贴
  float subsidy;          //补助
  float salary;           //工资
};
```

表 7-1 教师结构体各属性

工号	姓名	性别	学历	职称	职务	津贴	补助	工资
整型	字符串	字符串	字符串	字符串	字符串	实型	实型	实型

上面定义了一个结构体类型,在此注意定义的是类型而不是变量,而且是包含了不同数据类型的类型;关键字 struct 在定义结构体类型时不能省略。同时定义结构体类型的末尾有一个分号(";")不能省略。该结构体定义中的 Teacher 是结构体类型名,符合变量命名规则即可。通过上述定义,可以看出定义一个结构体类型一般形式为

```
struct 结构体类型名
{
  若干个成员列表项
};
```

结构体定义{}内是结构体类型的所有成员,如上例中的 number、sex、allowance、subsidy、salary 等都是结构体类型的成员。成员定义和命名规则与普通变量名的相同。

结构体数据类型属于用户自定义的构造数据类型,用户可以根据程序开发需要,定义各种各样的结构体类型。struct 是结构体定义时的关键字,用来表示定义的类型是结构体类型,所以定义结构体不能省略该关键字。同时,我们定义的结构体类型,只是一个抽象的概念,类似于基本数据类型 int、float、double,并没有分配存储空间,只有通过类型定义变量,才能分配存储空间供我们使用。另外,结构体类型的成员可以是普通的变量,也可以自身就属于一个结构体类型。例如:

```
struct Date                    //声明一个结构体类型 Date
{
    int month;                 //月
    int day;                   //日
    int year;                  //年
} ;
struct Accountant              //声明一个结构体类型 Accountant
{
      long number;             //工号
      char name[30];           //姓名
      char sex;                //性别
      float salary;            //工资
      struct Date birthday;          //生日,结构体成员 birthday 属于
```

另外一个结构体类型

```
        char post[20];        //职务
        float salary;         //工资
    };
```

上述定义一个 Date 类型,包含 3 个成员:month(月)、day(日)、year(年)。接下来定义了一个 Accountant 类型结构体,其包含 Date 类型的 birthday 属性。

7.1.2 定义结构体类型变量

定义的结构体类型和前面章节学习的 int 类型、char 类型、float 类型等一样,只是一个抽象的概念,并没有真正地分配存储空间,更无具体数据。要想使用结构体类型,就需要借助这种结构体类型来定义变量。C++语言提供了 3 种定义结构体类型变量的方法。

(1) 先声明结构体类型,再定义该类型的变量。

```
struct Teacher
{
  long number;                  //工号
  char name[30];                //姓名
  char sex;                     //性别
  char diploma[20];             //学历
  char title[20];               //职称
  char post[20];                //职务
  float allowance;              //津贴
  float subsidy;                //补助
  float salary;                 //工资
};
struct Teacher heyinchuan,dengrenfeng,liangdunjun;
```

Teacher 是结构体类型,heyinchuan、dengrenfeng、liangdunjun 是 3 个结构体变量。此处仅定义了 3 个,可以根据需要定义若干个同类型的结构体变量。这种变量定义的方式和基本数据类型的变量定义是相同的。

(2) 在定义结构体类型的同时定义结构体变量。

```
struct Teacher
{
  long number;                  //工号
  char name[30];                //姓名
  char sex;                     //性别
```

```
  char diploma[20];          //学历
  char title[20];            //职称
  char post[20];             //职务
  float allowance;           //津贴
  float subsidy;             //补助
  float salary;              //工资
} heyinchuan,dengrenfeng,liangdunjun;     //可以继续添加变量
```

这种方式和前面第一种方式可以达到相同的效果。如果需要新增加该类型结构体变量,可以在"}"后面继续添加。当然也可以采用第一种方式来添加。

```
struct Teacher zhouxiang,liangjian;          //可以继续添加变量
```

(3) 没有类型名直接定义结构体变量。

```
struct
{
  long number;                           //工号
  char name[30];                         //姓名
  char sex;                              //性别
  char diploma[20];                      //学历
  char title[20];                        //职称
  char post[20];                         //职务
  float allowance;                       //津贴
  float subsidy;                         //补助
  float salary;                          //工资
} heyinchuan,dengrenfeng,liangdunjun; //可以继续添加变量
```

此处定义了一个结构体类型,包括 3 个结构体变量,但是没有结构体类型名。如果添加新的变量,只能在"}"后续继续添加。而不能使用 struct　变量名;(因为缺少结构体类型名)。建议在实际开发中,第三种方式尽量少用。

7.1.3　结构体变量的使用

综上所述,定义完结构体类型,可以定义结构体变量;定义完结构体变量,就可以像普通变量一样进行初始化或者赋值,然后可以使用结构体变量的相关信息。

例 7-1　使用结构体变量进行赋值和输出。

```
#include<iostream>
using namespace std;
#include<cstring>
struct Teacher             //定义结构体类型
```

```
{
  long number;
  char name[20];
  char sex;
  float salary;
};
int main()
{
  struct Teacher hyc={1001,"何银川",'M',9000},drf,t3;
  //定义3个结构体变量,其中第一个变量hyc,在定义的同时进行了初始化操作
    drf.number=1002;        //给第二个变量drf进行赋值
    strcpy(drf.name,"邓任锋");    //需要包含头文件#include<cstring>
    drf.sex='M';
    drf.salary=8000;
    t3=hyc;                //给第三个变量t3赋值
    cout<<"输出第1个老师信息:"<<endl;
    cout<<"工号:"<<hyc.number<<"姓名:"<<hyc.name<<"性别:"<<hyc.sex<<"工资:"<<hyc.salary;
    cout<<endl<<endl;
    cout<<"输出第2个老师信息:"<<endl;
    cout<<"工号:"<<drf.number<<"姓名:"<<drf.name<<"性别:"<<drf.sex<<"工资:"<<drf.salary;
    cout<<endl<<endl;
    cout<<"输出第3个老师信息:"<<endl;
    cout<<"工号:"<<t3.number<<"姓名:"<<t3.name<<"性别:"<<t3.sex<<"工资:"<<t3.salary;
    cout<<endl<<endl;
    return 0;
}
```

程序运行结果如下:

输出第1个老师信息:

工号:1001 姓名:何银川性别:M 工资:9000

输出第2个老师信息:

工号:1002 姓名:邓任锋性别:M 工资:8000
输出第 3 个老师信息:
工号:1001 姓名:何银川性别:M 工资:9000
程序分析如下:

(1) 使用结构体变量中的成员值,使用方式是:结构体变量名.成员名。如本例题中的,drf.number=1002;strcpy(drf.name,"邓任锋");drf.sex='M';drf.salary=8000。其中"."是成员运算符,中文含义为"的",如 drf.number 相当于 drf 的 number。

(2) 同类型的结构体变量可以相互赋值。如本例题中的 t3、hyc 都是 Teacher 类型的变量,所以可以用 t3=hyc;进行赋值。

例 7-2　酒店工程系目前有 6 位老师,使用结构体知识输入和输出 6 位老师的工号、姓名、性别、工资。

```
struct Teacher                                    //结构体类型定义
{
  long number;
  char name[20];
  char sex;
  float salary;
};
int main( )
{
  int i;
  struct Teacher t[6]={{1001,"何银川",'M',10000},
  {1002,"周伟华",'M',10000},{1003,"邓任锋",'M',9000},
  {1004,"梁炖君",'M',8000},{1005,"周翔",'M',7000},
  {1006,"刘细妹",'F',6000}};      //结构体变量定义并初始化
  for(i=0;i<6;i++)
  {
    cout<<"输出第"<<i+1<<"个老师信息:"<<endl;  //i+1 是为了和
习惯一致
    cout<<"工号:"<<t[i].number<<" 姓名:"<<t[i].name<<" 性
别:"<<t[i].sex<<" 工资:"<<t[i].salary<<endl<<endl;
  }
  cout<<endl<<endl;
  return 0;
```

```
}
```

程序运行结果如下：

输出第 1 个老师信息：

工号:1001 姓名:何银川性别:M 工资:10000

输出第 2 个老师信息：

工号:1002 姓名:周伟华性别:M 工资:10000

输出第 3 个老师信息：

工号:1003 姓名:邓任锋性别:M 工资:9000

输出第 4 个老师信息：

工号:1004 姓名:梁炖君性别:M 工资:8000

输出第 5 个老师信息：

工号:1005 姓名:周翔性别:M 工资:7000

输出第 6 个老师信息：

工号:1006 姓名:刘细妹性别:F 工资:6000

程序分析:定义 6 个结构体变量,可以和例 7-1 一样,用 6 个普通结构体变量定义并输出。如果那样会导致定义麻烦,使用的时候也比较烦琐,可以应用结构体数组,通过下标变化控制输出更简单一些。如 struct Teacher t[6];就是定义了 6 个结构体变量,通过 t[i].成员值来进行输出。

7.2　共用体定义和使用

在生活中,同一间教室可以被多个班级使用,该教室的座位数要满足人数最多的一个班级人数的数量,否则人数小的班级可以使用,人数多的班级因坐不下而不能使用。同时要确保同一时间段内该教室只能被一个班级使用,否则会出现班级使用冲突的问题。同样,在程序开发中,有的时候也需要多个不同属性的变量共用同一块空间。既然是共用,就要分配足够大的空间以确保占用空间最大的那个变量能够存储,同时同一时刻只能存放一个变量,当后续该空间存入其他变量后,会覆盖原来的数据。C++语言为我们提供了共用体来解决上述多个变量共用一块存储空间的问题。

```
union DT
{
  int a;
  float b;
  char c;
  double d;
```

```
}t2;
```

上面定义了一个共用体类型 DT;通过关键字 union 来定义共用体,因此该关键字不能省略。同时在定义该共用体类型的同时,也定义了一个共用体变量 t2;定义该结构体变量也可以采用先定义类型,后定义变量的方式来实现。例如:union DT t2;

例 7-3 共用体变量的使用和验证。

```
union DT                              //定义共用体类型 DT
{
    int a;
    float b;
    char c;
    double d;
};
int main( )
{
    union DT t2;              //共用体变量定义
    cout<<"共用体变量 t2 所占字节数:"<<sizeof(t2)<<endl;
                                //求该变量所占的字节数
    t2.a=4;
    cout<<"当前 a 的值是:"<<t2.a<<endl;
    t2.b=2.5;
    cout<<"当前 b 的值是:"<<t2.b<<endl;
    t2.c='A';
    cout<<"当前 c 的值是:"<<t2.c<<endl;
    t2.d=6.8;
    cout<<"当前 d 的值是:"<<t2.d<<endl;
    cout<<endl<<endl;
    return 0;
}
```

程序运行结果如下:

共用体变量 t2 所占字节数:8

当前 a 的值是:4

当前 b 的值是:2.5

当前 c 的值是:A

当前 d 的值是:6.8

程序分析如下：

(1) 结构体变量所占的内存空间是各个成员所占的内存空间的和,而共用体变量所占的内存空间是占用空间最大的那个成员的空间。如本例中 sizeof(t2)的值为 8,实际上是其双精度成员 d 的长度。

(2) 共用体变量同一时刻只能有一个成员有值,当赋予了新的值后,原来的值会被覆盖。如本例 t2.a=4;当执行语句 t2.b=2.5;时,成员 a 值已经被覆盖。

(3) 共用体变量中的所有成员共享同一段存储空间,所以共用体变量中的所有成员的首地址是相同的。

(4) 共用体变量只能逐个给其成员赋值,而不能给共用体变量赋值,不能在定义共用体变量时对它初始化,函数参数也不能使用共用体变量名。

7.3 枚举类型

生活中的月份从 1 月到 12 月,星期从周日到周六,我们的人民币纸币有 1 毛、2 毛、5 毛、1 元、2 元、5 元、10 元、50 元、100 元,它们有一个共同的特点,它们的取值范围是固定的,就是那么几个固定可能的取值。C++程序语言可以使用枚举类型来解决固定几个取值的问题。

例如：

```
enum weekday {sun,mon ,tuesday,wednesday,thursday,friday,
saturday};
```

通过定义枚举类型可以看出,枚举类型使用关键字 enum 开头,该枚举类型的类型名为 weekday。其中包括 7 个枚举元素,每个枚举元素都是一个常量,默认情况下,第一个枚举元素为 0,第二个枚举元素为 1,依此类推,第 n 个枚举元素为 n－1。本例中,枚举元素 sun 的值为 0,mon 的值为 1,tuesday 的值为 2,wednesday 的值为 3,thursday 的值为 4,friday 的值为 5,saturday 的值为 6。

当然,枚举元素值也可以是在定义枚举类型时显示的指定数值,其后面的元素值在此基础上+1,依此类推。

例如：

```
enum weekday {sun,mon ,tues,wed=8,thursday,friday=15,sat-
urday};
```

上述枚举元素 sun,mon,tues 使用默认值,即 sun 的值为 0,mon 的值为 1 ,

tues 的值为 2,而 wed 更改枚举元素值为 8,thursday 在前面枚举元素值基础上加 1 为 9,friday 再次更改枚举元素值为 15,则 saturday 的值为 16。

例 7-4　枚举值的验证。

```
enum weekday {sun,mon,tues,wed=8,thursday,friday=15,satur-
day};
int main( )
{
    enum weekday w1,w2;              //定义枚举型变量 w1,w2
    w1=sun;                          //给枚举型变量赋值
    w2=saturday;
    cout<<"sun="<<sun<<endl;
    cout<<"mon="<<mon<<endl;
    cout<<"tues="<<tues<<endl;
    cout<<"wed="<<wed<<endl;
    cout<<"thursday="<<thursday<<endl;
    cout<<"friday="<<friday<<endl;
    cout<<"w1="<<w1<<endl;
    cout<<"w2="<<w2<<endl<<endl;
    return 0;
}
```

程序运行结果如下：

```
sun=0
mon=1
tues=2
wed=8
thursday=9
friday=15
w1=0
w2=16
```

程序分析如下：

(1) 上面程序的运行结果验证了第 7.3 节的分析。

(2) enum weekday w1,w2;定义了 2 个枚举型变量。枚举型变量的值只能取“{}”中的枚举元素值。

(3) 枚举元素值形式上像是变量，但都是标识符常量，不能因为是标识符而进行赋值。例如：

```
tues=2;  //错误，常量不能进行赋值
```

7.4 链表概述

在前面章节中曾介绍过，当向一个已经排序的数组中插入一个元素，或者删除一个元素的时候，需要移动大量的元素，这是因为这些元素在内存中是顺序存储的。同时在实现插入和删除操作时，移动元素本身也占用了存储空间，间接影响了时间效率。本节将介绍链式存储结构，能实现相同的功能，但不需要连续的存储空间，即不要求逻辑上相邻的两个元素物理上相邻。

链表分为单链表和双链表。单链表是通过"链"来表示元素之间的关系，除了存储元素外，还存储下一个元素的地址(通过该地址，能找到下一个元素)。存放数据元素的区域称为数据域，存放其后继元素地址的区域称为地址域。一个链表只要找到第一个节点，然后通过第一个节点的地址域就能找到第二个节点，依此类推，直至找到最后一个节点。

下面定义一个单向链表的节点类型定义：

```
struct Node{
  int data;              //数据域
  Node *next;            //地址域
};
```

通过单向节点的类型定义可以看出，节点有数据域和指向该结构体类型的指针变量(地址域)。

对链表的基本操作有建立链表、查找链表元素、插入链表元素、删除链表元素和更改链表元素等。

(1) 建立链表是指从空链表中逐个地插入节点，通过地址域把各个节点连接起来。

(2) 查找链表元素是指在一个存在的链表中，根据元素值或者元素的位置来查找是否存在该元素。

(3) 插入链表元素是指在一个已经存在的链表中，根据已知条件，在链表的某个位置插入一个元素。

(4) 删除链表元素是指在一个已经存在的链表中，根据已知条件，在链表的某个位置删除一个元素。

(5) 更改链表元素是指在一个已经存在的链表中，根据已知条件，从第一个节点或者首节点开始从前往后先找到该节点，然后修改该节点的数据域的值。

7.5 用 typedef 声明新类型

C++语言除了有 char、int、float、double 等基本类型，还有数组、结构体、共用体、枚举等类型。C++语言提供了一些复杂的数据类型，而这些复杂的类型不利于理解，也不利于记忆。C++语言允许用一个简单的名字代替复杂的类型形式。其一般形式是：

```
typedef  类型名1  类型名2;
```

例如：`typedef double DB;`

typedef 为声明新类型名的关键字，double 为系统提供的基本数据类型，而 DB 为程序员自己定义的新类型名。后续凡是使用 double 定义变量的时候，都可以使用 DB 进行定义。

`double a;`等同于 `DB a;`

也可以声明结构体类型：

```
typedef struct Teacher      //声明新类型
{
  long number;
  char name[20];
  char sex;
  float salary;
}TH;                        //此时 TH 不是结构体变量，而是结构体类型名
```

声明完新类型之后，就可以用来定义新的变量名，如 TH hyc；等同于 struct Teacher hyc;使用 typedef 除了可以声明 int、char、float、double 等基本类型外，还可以声明数组类型、指针类型、结构体类型、共用体类型、枚举类型和指向函数的指针类型等。

但是使用 typedef 声明新类型时应注意以下几点：

(1) 使用 typedef 仅仅对已经有的类型重新起了一个类型名，相当于是起了一个别名，而并没有创造新的数据类型。

(2) typedef 可以用来声明各种类型，但不能用来定义变量。

课后习题

一、选择题

1. 下面对 age 的非法引用是(　　)。

```
struct  student
{
    int age;
    int num;
}stu1, *p;
p=&stu1;
```

A. stu1. age　　B. student. age　　C. p—>age　　D. (* p). age

2. 若有以下说明和定义,则不能把节点 b 连接到节点 a 之后的语句是(　　)。

```
struct node { char data; struct node *next;}a,b, *p=&a,  *q=&b;
```

A. a. next=q;　　B. p. next=&b;

C. p—>next=&b;　　D. (*p). next=q;

3. 设有以下说明语句:

```
struct stu
{
    int a;
    float b;
}stutype;
```

下列叙述错误的有(　　)。

A. struct 是结构体类型的关键字

B. struct stu 是用户定义的结构体类型

C. stutype 是用户定义的结构体类型名

D. a 和 b 都是结构体成员名

4. 下列程序的输出结果是(　　)。

```
struct student
{
    int a, b, c; };
    void main( )
    {
        struct student stu[2]={{2,3,4},{5,6,7}};
```

```
        int t;
        t=stu[0].a+stu[1].b% stu[0].c;
        cout<<t;
}
```

A. 0　　B. 1　　C. 4　　D. 5

5. 下面选项中能输出 x 的语句是(　　)。

```
struct s1
{
    char a[3];
  int  num;
}t={'a','b','x',4}, *p;
p=&t;
```

A. cout<<p—>t.a[2];　　B. cout<<(*p).a[2];

C. cout<<p—>a[3];　　D. cout<<(*p).t.a[2];

6. 以下程序的输出是(　　)。

```
#include<iostream>
using namespace std;
struct st
{
    int x;
    int y;
}cnum[2]={1,3,2,7};
int main()
{
    cout<<cnum[0].y/cnum[0].x *cnum[1].x;
    return 0;
}
```

A. 0　　B. 1　　C. 3　　D. 6

7. 以下程序的输出是(　　)。

```
#include <stdio.h>
union myun
{
struct
{
    int x,y,z;
```

```
    }u;
int k;
}a;
int main()
{
    a.u.x=4;
    a.u.y=5;
    a.u.z=6;
    a.k=0;
    cout<<a.u.y;
}
```

A. 4　　B. 5　　C. 6　　D. 0

二、编程题

1. 已知学生三门课程基本信息。请使用结构体编程，计算学生三门课程平均成绩后，列表输出学生的姓名、数学成绩、英语成绩、计算机成绩、平均分信息，并按平均分降序排序。学生三门课程基本信息如下。

姓名	数学	英语	计算机
Mary	93	100	88
Jone	82	90	90
Peter	91	76	71
Rose	100	80	92

2. 已知学生记录由学号和学习成绩构成，N 名学生的记录已存入结构体数组中，找出成绩最低的学生，并输出这个学生的信息，已知学生信息如下。

A01,81;A02,89;A03,66;A04,87;A05,77

A06,90;A07,79;A08,61;A09,80;A10,71

第8章　类和对象

在现实世界中，一切事物都可以看作是对象，对象可以是有形的，也可以是无形的。可以说对象就是能体现现实世界中物体的基本特征的抽象实体，反映在软件系统中就是属性和方法的封装体。而现实中，我们也经常对相似的对象进行抽象，找出共同的属性特点，便形成一种类型。而这在面向对象的程序设计中，就是将抽象后的数据和函数封装起来构成类来使用。

8.1　类的定义

定义一个类，本质上是定义一个数据类型的蓝图，实际上并没有定义任何数据，但它定义了类的名称意味着什么。也就是说，它定义了类的对象包括了什么，以及可以在这个对象上执行哪些操作。

类的定义格式：

```
class 类名
{
private : //成员访问限制符
    成员数据;
    成员函数;
public : //public设置之前的成员都是上面所设置的私有的
    成员数据;
    成员函数;
protected:
    成员数据;
    成员函数;
};
```

类其实也是一种数据类型，它是一种自己定义的广义的数据类型，主要有三种成员访问限制符。

(1) private 表示私有的，只能在类的内部访问，类的外部不能访问。

(2) protected 表示受保护的，只能在类的内部访问，类的外部不能访问，但可以在它的派生类中访问，派生类后面会详细介绍。

(3) public 表示公有的，类的内部和外部都可以访问。

一个类可以包含多个成员访问限制符，每一个生效的范围直到下一个限制符被设置，如果没有被设置的话，默认为私有的。虽然同一个访问限制符可以出现多次，但是为了代码的简洁，我们应当让它们只出现一次。public 的成员应放在类的声明前面。因为别人在看你代码的时候只会在意你的 public 成员，其他对外界隐藏的成员对于外界是没有意义的。

C++中新增了类这个关键字，依然保留了结构，只是将结构进行了扩展，使它也可以定义成员函数。与类不同的是，结构中未声明访问限制的时候就会默认为公有的。

定义对象

```
class 类名  对象名;
    类名 对象名;                          //创建一个对象
    类的成员函数;
```

类的成员函数也称为类的方法，它也是函数的一种，它和基本的函数是一样的。它跟一般函数的区别只是它是一个类的成员，它是定义在类的内部的，同时它有访问控制符。

私有的成员函数只能在本类中被调用，将需要被外界调用的成员声明为公有的，公有的成员函数就成为一个接口。如果我们只是希望一个函数在类的内部被其他函数所调用，我们就可以将它声明为私有的，因为这样的函数用来支持其他函数实现一些功能，称这样的函数为工具函数。

我们也可以不用定义成员函数，但是这就体现不出类的作用，相当于C的结构体了。

下面通过一个实例来了解一下类的结构。

```
#include<iostream>
using namespace std;
class Student
{
public:
    void print()
    {                               //一号区域
    std::cout<<name<<","<<age<<","<<addr<<std::endl;
    }
    int getAge();
Private:                            //二号区域
    char name[128];
```

```
    int age;
    char addr[128];
};
int student::getAge( )
{
    return age;                    //三号区域
}
int main( )
{                                  //四号区域
Student str;
stu.print( );
stu.getAge( );
retrun 0;
}
```

在四号区域,我们创建了一个类的对象 stu,并通过它调用了类的两个公共的方法,私有和保护的方法在外界是不能被调用的。在一号区域,我们完成了 print( )函数的声明和定义,但是 getAge( )函数仅仅做了声明,在三号区域当中,也就是类的外部定义了它。当在类的外部定义成员函数的时候,我们要在函数名前面加上类名和作用域限制符,它表示这个成员函数是属于这个类的。二号区域中定义了一些私有的成员属性。在类的内部进行成员函数的声明,在类的外部进行成员函数的定义,这是一个非常好的习惯。这样使类的长度更加短,结构层次更加清晰,便于我们阅读,而且有助于把类的声明和实现分离,从类的定义体中,用户只看到了类的原型,这对我们实现数据隐藏是有好处的。

在类的内部进行声明和实现的时候,编译器自动地将这些函数定义为内联函数,如 print( )函数。在类之外定义的函数默认的不是内联函数,我们可以在定义函数的时候显式地加上 inline 关键字使它变成内联函数。如 getAge( )函数,就可以在类外部定义的时候加上 inline 关键字,声明使它变为内联函数。

8.2　对　　象

8.2.1　对象的定义

类与结构体一样,只是一种复杂数据类型的声明,本身并不占用内存空间,所以要使用类,还必须用定义好的类去说明它的实例变量,实例化的类就是对象。每个对象都是类的一个具体实例,占用内存空间,拥有类的成员变量和成员函数。类是创建对象的模板，一个类可以创建多个对象，每个对象都是类类型的一个变量；创建对象的过程也叫类的实例化。声明类的对象，与声明基本类型的变量一样。

类定义对象的方法通常有以下三种。

(1) 先定义类类型，然后再定义对象。

```
class 类名
{
成员表;
};
[class] 类名 对象名列表;
```

例如：

```
class lei lm1,lm2,lm3;
```

说明：

这种方式比较规范和灵活，是最常用的定义方法。

(2) 定义类类型和定义对象同时进行。

```
class 类名
{
成员表;
}对象名列表;
```

例如：

```
class 类名
{
成员表;
} lm1,lm2,lm3;
```

说明：

这种方式既可在定义类类型时定义对象，也可以在随后通过类名再次定义对象。

(3) 不出现类名，直接定义对象。

```
class
{
    成员表;
}对象名列表;
```

例如：

```
class
{
    成员表;
```

```
} lm1,lm2,lm3;
```

说明：

这种情况下只能一次性把需要的对象都声明完毕，因为没有类名，后期无法再次声明此类对象。

8.2.2　成员访问

对象的成员其实就是该对象的类所定义的成员，包括了数据成员和成员函数。因此，对象成员的访问与类的作用域(即类定义中由花括号括起的部分)有很密切的关系。

若在类的作用域内，则类的成员可以被该类的所有成员函数直接访问。

若在类的作用域外，则需要通过对象名或指向对象的指针来引用类的成员。

对数据成员的访问格式如下：

对象名.成员名

或

对象指针名—>成员名

或

(*对象指针名).成员名

对成员函数的访问格式如下：

对象名.成员函数名(参数表)

或

对象指针名—>成员函数名(参数表)

或

(*对象指针名).成员函数名(参数表)

例如：

```
#include <iostream>
#include <string>
using namespace std;
class _test_class
{
private:
string school = "Guangdong vocational college of hotel man-
agement";
public:
    string name;
    char age;
```

```
    void Display(string name,int age)
    {//在类作用域内的,可直接使用成员名称访问
        cout <<"school:"<<school<<endl;
        cout <<"name :"<<name<<endl;
        cout <<"age:"<<age<<endl;
    }
};
int main(int argc,const char* argv)
{
    class _test_class class1,class2;
    class1.name="student1";
    class1.age=22;
    class2.name="student2";
    class2.age=33;
    _test_class *p;
    p=&class1;
    cout <<"p—>"<<p—>name<<endl;
    class1.Display(class1.name,class1.age);
    class2.Display(class2.name,class2.age);
    return 0;
}
```

程序运行结果如下：

```
p—>student1
school :Guangdong vocational college of hotel management
name:student1
age:22
school :Guangdong vocational college of hotel management
name:student2
age:33
```

8.3 构造函数

当我们创建一个对象的时候，常常需要做某些初始化操作，如对属性进行赋初值。为了解决这个问题，编译器提供了构造函数来处理对象的初始化。构造函数是一种特殊的成员函数，与其他成员函数不同，不需要用户来调用它，而是在创建

对象时自动执行。

8.3.1　构造函数的定义

C++类中可以定义与类名相同的特殊成员函数，这种与类名相同的成员函数称为构造函数。构造函数可以有参数列表，但是不能有函数返回值。一般情况下，编译器会自动调用构造函数，但在有些情况下则需要主动调用构造方法，常见情况有以下几种。

(1) 无参构造函数：构造函数没有函数参数。

例如：

```
#include<iostream>
using namespace std;
class Circle                        //定义一个圆类
{
private:
    double r;                       //圆类的半径属性
public:
    Circle()                        //无参构造函数
    {
        cout<<"无参构造函数被执行"<<endl;
    }
    void setR(double r)             //设置圆的半径
    {
        this->r=r;
    }
    double getR()                   //获取圆的半径
    {
        return this->r;
    }
};
int main()
{
    Circle circle1,circle2;         //无参构造函数的调用方式
}
```

程序运行结果如下：

无参构造函数被执行

无参构造函数被执行

(2) 有参构造函数:构造函数有函数参数。

例如:

```
#include<iostream>
using namespace std;
class Circle                              //定义一个圆类
{
private:
    double r;                             //圆类的半径属性
public:
    Circle(int a,int b)                   //有参构造函数
    {
        cout <<"有参构造函数被调用" <<endl;
    }
    void setR(double r)                   //设置圆的半径
    {
        this—>r=r;
    }
    double getR( )                        //获取圆的半径
    {
        return this—>r;
    }
};
int main( )
{
    Circle circle1(1, 2);                 //有参构造函数调用方式一
    Circle circle2=Circle(1, 2);          //有参构造函数调用方式二
}
```

程序运行结果如下:

有参构造函数被调用

有参构造函数被调用

8.3.2　子对象与构造函数

由于派生类不能继承基类的构造函数,必须自己定义构造函数进行新增数据成员初始化工作。这节将介绍一下派生类构造函数。派生类构造函数大概可以分

成3个部分：

(1) 对基类数据成员初始化；

(2) 对子对象数据成员初始化；

(3) 对派生类数据成员初始化。

归纳起来，定义派生类构造函数的一般形式为

派生类构造函数名(总参数表列)：基类构造函数名(参数表列)，子对象名(参数表列)

{派生类新增数成员的初始化语句}

执行派生类构造函数的顺序是：

(1) 调用基类构造函数，对基类数据成员初始化。

(2) 调用子对象构造函数，对子对象数据成员初始化。

(3) 再执行派生类构造函数本身，对派生类数据成员初始化。

(4) 派生类构造函数的总参数表列中的参数，应当包括基类构造函数和子对象的参数表列中的参数。基类构造函数和子对象的次序可以是任意的，如上面的派生类构造函数首部可以写成

```
Student1(int n, string nam,int n1, string nam1,int a, string ad):
monitor(n1,nam1),Student(n,nam)
```

(5) 编译系统是根据相同的参数名(而不是根据参数的顺序)来确立它们的传递关系的。但是习惯上一般先写基类构造函数。

(6) 如果有多个子对象，派生类构造函数的写法依此类推，应列出每一个子对象名及其参数表列。

例如：

```
#include <iostream>
#include <string>
using namespace std;
class Student                              //声明基类
{
public:                                    //公用部分
    Student(int n, string nam )            //基类构造函数
    {
    num=n;
    name=nam;
    }
  void display( )                          //成员函数,输出基类数据成员
    {cout<<"学号:"<<num<<endl<<"姓名:"<<name<<endl;}
```

```
protected:                              //保护部分
int num;
string name;
};
class Student1: public Student          //声明公用派生类 Student1
{
public:
   Student1 (int n, string nam, int n1, string nam1, int a,
string ad):Student(n,nam),monitor(n1,nam1)    //派生类构造函数
     {
     age=a;
     addr=ad;
     }
   void show()
     {
     cout<<"这个学生是:"<<endl;
     display();
     cout<<"年龄: "<<age<<endl;
     cout<<"住址: "<<addr<<endl<<endl;
     }
   void show_monitor()                  //成员函数,输出子对象
   {
     cout<<endl<<"班长是:"<<endl;
     monitor.display();                 //调用基类成员函数
     }
   private:                             //派生类的私有数据
     Student monitor;                   //定义子对象(班长)
     int age;
     string addr;
 };
 int main()
 {
 Student1 stud1(20170902,"岑奋",20170901,"陈杰",19,"东莞市厚街
镇学府路 1 号");
   stud1.show();                        //输出学生的数据
```

```
  stud1.show_monitor( );                 //输出子对象的数据
return 0;
}
```

程序运行结果如下：

这个学生是：

学号:20170902

姓名:岑奋

年龄:19

住址:东莞市厚街镇学府路 1 号

班长是：

学号:20170901

姓名:陈杰

8.3.3　拷贝构造函数

拷贝构造函数:构造函数的参数为 const ClassName &vriable。

当用对象 1 初始化对象 2 的时候拷贝构造函数被调用。

当用对象 1 括号方式初始化对象 2 的时候拷贝构造函数被调用。

当用对象(此处是元素而非指针或引用)做函数参数的时候,实参传递给形参的过程会调用拷贝构造函数。

当用对象(此处是元素而非指针或引用)做函数返回值的时候,若用同一类型来接收该返回值,则会执行拷贝构造函数(此时会涉及匿名对象的去和留的问题,因为函数的返回对象是个匿名对象)。

例如：

```
#include<iostream>
using namespace std;
class Location
{
private:
    int x;
    int y;
public:
    Location( )
    {
        cout <<"无参构造函数被执行" <<endl;
    }
```

```
    Location(int x,int y)
    {
        this->x=x;
        this->y=y;
        cout <<"有参构造函数被执行" <<endl;
    }
    Location(const Location& location)
    {
        this->x=location.x;
        this->y=location.y;
        cout <<"拷贝构造函数被执行" <<endl;
    }
    ~Location()
    {
        cout <<"x=" <<this->x <<",y=" <<this->y <<"析构函数
被执行" <<endl;
    }
};
void setLocation(Location location)
{
    cout <<"setLocation()全局函数..." <<endl;
}
Location getLocation()
{
    cout <<"getLocation()全局函数..." <<endl;
    Location location(100, 200);
    return location;
}
int main()                              //研究拷贝构造函数的调用
{
    cout <<"方式一" <<endl;              //拷贝构造函数调用方式一
    Location loc1(1, 2);
    Location loc2=loc1;
    cout <<"方式二" <<endl;              //拷贝构造函数调用方式二
    Location loc3(10, 20);
```

```
    Location loc4(loc3);
    cout <<"方式三" <<endl;              //拷贝构造函数调用方式三
    Location loc5(5, 10);
    setLocation(loc5);
    cout <<"方式四" <<endl;              //拷贝构造函数调用方式四
    Location loc6;                       //getLocation()产生匿名对
象赋值给 loc6 后,匿名对象执行析构函数,然后对象销毁
    loc6=getLocation();
    Location loc7=getLocation();         //getLocation()产生
匿名对象赋值给 loc7,匿名对象被扶正,直接转成新对象
}
```

程序运行结果如下：

```
方式一
有参构造函数被执行
拷贝构造函数被执行
方式二
有参构造函数被执行
拷贝构造函数被执行
方式三
有参构造函数被执行
拷贝构造函数被执行
setLocation()全局函数...
x=5,y=10 析构函数被执行
方式四
无参构造函数被执行
getLocation()全局函数...
有参构造函数被执行
拷贝构造函数被执行
x=100,y=200 析构函数被执行
x=100,y=200 析构函数被执行
getLocation()全局函数...
有参构造函数被执行
拷贝构造函数被执行
x=100,y=200 析构函数被执行
x=100,y=200 析构函数被执行
```

```
x=100,y=200 析构函数被执行
x=5,y=10 析构函数被执行
x=10,y=20 析构函数被执行
x=10,y=20 析构函数被执行
x=1,y=2 析构函数被执行
x=1,y=2 析构函数被执行
```

程序说明：

(1) 当类中没有定义任何构造函数的时候，C++编译器默认为我们定义一个无参构造函数，函数体为空。

(2) 当在类中定义任意构造函数后，C++编译器就不会为我们定义默认构造函数，也就是说定义了构造函数就必须要使用。

(3) C++默认提供的拷贝构造函数执行的是浅拷贝，只是进行了简单的成员变量的值的复制。

(4) 只有定义了拷贝构造函数以后，C++编译器才不会提供拷贝构造函数，否则C++编译器会一直提供默认的拷贝构造函数。

8.4 析构函数

8.4.1 析构函数的定义

定义：C++类中可以定义一个特殊的成员函数来清理对象和释放在对象中分配的内存，这种特殊的方法称为析构函数。析构函数没有参数和返回值，也不能重载，也就是说，一个类中只可能定义一个析构函数。

如果一个类中没有定义析构函数，系统也会自动生成一个默认的析构函数，该析构函数为空函数，什么都不做。

调用条件：

(1) 在函数体内定义的对象，当函数执行结束时，该对象所在类的析构函数会被自动调用；

(2) 用 new 运算符动态构建的对象，可以使用 delete 运算符释放它。

调用：当对象生命周期临近结束时，析构函数由C++编译器自动调用。

例如：

```
#include<iostream>
using namespace std;
classA
{
```

```
public:
    A()
    {
        cout<<"构造函数被调用了!"<<endl;
    }
    virtual ~A()
    {
        cout<<"析构函数被调用了!"<<endl;
    }
};
int main()
{
        A a;
    return 0;
}
```

程序运行结果如下：

构造函数被调用了!

析构函数被调用了!

8.4.2　构造函数和析构函数的调用顺序

对象是由“底层向上”开始构造的，当建立一个对象时，首先调用基类的构造函数，然后调用下一个派生类的构造函数，依此类推，直至到达派生类次数最多的类的构造函数为止。构造函数一开始构造时，总是要调用它的基类的构造函数，然后才开始执行其构造函数体，调用直接基类构造函数时，如果无专门说明，就调用直接基类的默认构造函数。在对象析构时，其顺序正好相反。

```
#include<iostream>
using namespace std;
class A
{
public:
    A()
    {
        cout<<"构造函数被调用了!"<<endl;
    }
    virtual ~A()
```

```
    {
        cout<<"析构函数被调用了!"<<endl;
    }
};
A fun( )
{
    A a;
    return a;
}
int main( )
{
        A a;
        a=fun( );
    return 0;
}
```

程序运行结果如下：

构造函数被调用了！

构造函数被调用了！

析构函数被调用了！

析构函数被调用了！

当类中有成员是其他类的对象时，首先调用成员变量的构造函数，调用顺序和成员变量的定义顺序一致。成员变量的构造函数全部执行完毕后，再调用该类的构造函数。

析构函数的执行顺序是“倒关”的方式，即与构造函数的执行顺序相反。

8.4.3　对象的动态建立和释放

通常创建的对象都是由C++编译器在栈内存中创建，我们无法对其生命周期进行管理，需要动态地去建立该对象，因此需要在堆内存中创建对象和释放对象。C语言提供了malloc( )函数和free( )函数来在堆内存中分配变量，C++引入了new和delete关键字来动态地创建和释放变量。

new关键字是用来在堆内存中创建变量的，格式为：

```
Type *ptr=new Type(常量/表达式);
```

其参数列表中的常量/表达式可以用来给变量初始化，也可以省略不写。其返回结果为该类型的指针。如果内存分配失败，则返回空指针。

delete关键字是用来释放用new关键字创建的内存，格式为：

delete ptr

注意:释放数组必须加中括号,如 delete [] ptr。

new 关键字在分配内存的时候,会根据其创建的参数调用相应的类的构造函数。delete 关键字会在释放内存之前,会首先调用类的析构函数释放对象中定义的内存。

malloc 和 free 关键字不会去调用类的构造函数和析构函数。

例如:

```
#include<iostream>
using namespace std;
class Teacher
{
public:
    char *name;
    int age;
public:
    Teacher( )                              //无参构造函数
    {
        name=NULL;
        age=0;
        cout <<"无参构造函数被执行" <<endl;
    }
    Teacher(char *name, int age)            // 有参构造函数
    {
        this->name=new char[sizeof(name)+1];
                                            //分配堆内存
        strcpy(this->name, name);           // 初始化成员变量
        this->age=age;
        cout <<"有参构造函数被执行" <<endl;
    }
    Teacher(const Teacher &student)         // 拷贝构造函数
    {
        this->name=new char[sizeof(name)+1];
                                            // 重新分配内存
        strcpy(this->name, name);           // 初始化成员变量
        this->age=age;
```

```
        cout <<"拷贝构造函数被执行" <<endl;
    }
    ~Teacher()                                    // 析构函数
    {
        if (this->name!=NULL)
        {
            delete[] this->name;
            this->name=NULL;
            this->age=0;
        }
        cout <<"析构函数被执行..." <<endl;
    }
};
int main()
{
    int *a=new int;                               // 创建 int 变量,并释放
    int *b=new int(100);
    delete a;
    delete b;
    double *c=new double;                         // 创建 double 变量,并释放
    double *d=new double(10.1);
    delete c;
    delete d;
    char *e=new char[100];                        // 创建数组并释放
    delete [] e;
    Teacher *stu1=new Teacher("岑奋",19);
                                                  // 创建对象并释放
    cout <<"姓名:" <<stu1->name <<",年龄:" <<stu1->age
<<endl;
    Teacher *stu2=new Teacher();
    delete stu1;
    delete stu2;
    return 0;
}                                                 // ①
```

程序运行结果如下：

有参构造函数被执行
姓名：岑奋，年龄：19
无参构造函数被执行
析构函数被执行
析构函数被执行

程序分析如下：

若利用 malloc( )函数和 free( )函数创建对象，则无法调用其构造和析构函数，会出现出错提示，例如在①后加上如下语句，则无法正常调用。

```
Teacher *stu3=(Teacher *)malloc(sizeof(Teacher));
free(stu3);
```

8.5　静态成员

static 关键字用来声明类中的成员为静态属性。当用 static 关键字修饰成员后，该类所创建的对象共享 static 成员。无论创建了多少个对象，该成员只有一个实例。静态成员是与类相关的，是类的一种行为，而不是与该类的对象相关。

8.5.1　静态数据成员

静态成员是类所有对象的共享成员，而不是某个对象的成员，它在对象中不占用存储空间。这个成员属于整个类，而不属于具体的一个对象，所以静态成员变量无法在类的内部进行初始化，必须在类的外部进行初始化。比如定义一个学生类，那么学生对象总数可以声明为 static，在构造方法中，对该变量进行加 1，从而统计学生对象的数量。

静态成员变量可以用 static 关键字定义，但是初始化必须在类的外面进行初始化。

静态成员变量可以被类及类的对象所访问和修改。

静态成员变量遵循类的访问控制原则，如果为 private 修饰，则只可以在类的内部和在类外面初始化的时候访问，不会再被其他方式访问。

静态成员是类和类的对象的所有者，因此静态成员变量不能在类的内部进行初始化，必须在类的外部进行初始化。

静态成员依旧遵循 private、protected、public 的访问控制原则。

例如：

```
#include<iostream>
#include<string.h>
using namespace std;
```

```
class MyStudent
{
private:
    static int count;                    // 学生对象总数
    char name[64];
    int age;
public:
    static int n;
public:
    MyStudent(char *name,int age)
    {
        strcpy(this->name, name);
        this->age=age;
        MyStudent::count++ ;             // 学生数量加 1
    }
    void getCount( )                     // 普通成员函数访问静态成员变量
    {
        cout <<"学生总数:" <<MyStudent::count <<endl;
    }
};
int MyStudent::count=0;                  // 静态成员变量初始化
int MyStudent::n=10;
int main( )
{
    MyStudent student1("王刚",22);      // 测试静态成员变量
    student1.getCount( );
    student1.n=100;                      // 对象和类方式访问静态成员变量
    MyStudent::n=200;
    return 0;
}
```

程序运行结果如下：

学生总数:1

8.5.2 静态成员函数

静态成员函数用 static 关键字定义，在静态成员函数中可以访问静态成员变

量和静态成员函数,但不允许访问普通的成员变量和成员函数,因为普通的成员属于对象而不属于类,层次不一样。但是在普通成员中可以访问静态成员。

当静态成员函数在类中定义,但是在类的外面实现的时候,不需要再加 static 关键字。

静态成员函数没有 this 指针。

```
#include<iostream>
using namespace std;
class Test
{
private:
    int m;
public:
    static int n;
public:
    void setM(int m)
    {
        this->m=m;
        test();                    // 访问静态成员函数
    }
public:
    static void xoxo();
    static void test()
    {
        n=100;
        // m=10;不允许访问普通成员变量
        // int c=getM();不允许访问普通成员函数
        // this->m=1000; this 指针不存在
        cout<<"static void test()函数..."<<endl;
    }
};
int Test::n=10;                    // 初始化静态成员
void Test::xoxo()                  // 类中声明,类外实现
{
    cout<<"static void Test::xoxo"<<endl;
}
```

```
int main( )
{
    Test t;
    t.setM(10);                    // 普通成员函数访问静态成员函数
    t.test( );                     //成员函数的调用方式
    Test::test( );
}
```

程序运行结果如下：

```
static void test( )函数...
static void test( )函数...
static void test( )函数...
```

8.6　对象的存储

对于一般的类(非静态)来说,在定义类但还未创建对象的时候,类的所有成员(包括变量和函数)都占用着内存空间(准确地说占用着指令代码区),但不占用堆栈空间。而创建对象的时候,会根据对象的类型占用堆栈的空间(用传统模式创建对象会占用栈空间,用引用+new 模式创建对象会占用堆空间,同时引用会保存在栈里)。对于静态(static)类来说,静态类是不能实例化创建对象的,所有的成员都是静态成员,也需要占用内存空间,但不在堆栈里,而是在内存的静态/全局区(这个区域用于存放所有的全局成员和静态成员)。

```
#include <iostream>
using namespace std;
class Person
{
public:
    char *name;
    static int age;
    char sex;
public:
    Person( ) :name(""), sex('M')
    {
    }
Person(char * n, char s) :name(n), sex(s)
    {
```

```
    }
void say( )
    {
cout<<"name:"<<name<<";age:"<<age<<";sex:"<<sex<<endl;
    }
};
int Person::age=18;
int main( )
{
cout <<Person::age <<endl;
Person p1("张三",'M'),p2("李四",'W');
p1.say( );
p2.say( );
cout<<size of(p1)<<endl;
return 0;
}
```

程序运行结果如下：

```
18
name:张三;age:18;sex:M
name:李四;age:18;sex:W
8
```

程序分析如下：

若把成员属性 age 改为普通成员属性 int age;这时 size of(p1)的值为 12。

8.7　this 指针

在 C++中,类的每个非静态成员函数都含有一个指向调用它的对象的指针,通常称这个指针为 this 指针。this 指针是所有成员函数的隐含参数。由于每一个对象都能通过 this 指针来访问自己的地址,因此,在成员函数内部,它可以用来指向调用对象。

有两种最常见的情况会使用到 this 指针：

(1) 在类的非静态成员函数中返回对象的本身时,直接用 return *this。

(2) 当参数与成员变量名相同时,必须对数据成员使用 this 指针修饰。

例如:this—>n=n (不能写成 n=n)。

例如：

```
class Pt
{
    int x, y;
public:
    Pt(int a, int b) {x=a; y=b;}
    Void MovePt(int a, int b) {this—>x +=a; this—>y+=b;}//①
    Void print( ){ cout<<"x="<<"y="<<y<<endl;};
void main( )
{
    Pt point1(10,10);
    point1.MovePt(8,8);
    point1.print( );
}
```

程序分析如下：

(1) 对象 point1 调用 MovePt(8,8)时，即将 point1 对象的地址传递给了 this 指针。

(2) ①处可以写成{x＋＝a; y＋＝b;}；也相当于 point1. x＋＝a;point1. y＋＝b。

为了更好地理解 this 指针，要注意以下几点：

(1) 通过 this 指针，每个对象可以访问自己的地址。

(2) this 指针是指向正在调用成员函数的对象的指针。

(3) 类的静态成员函数是类的所有对象共有的，不唯一指向某一具体对象，所以没有 this 指针。

8.8　信息的保护

在 C＋＋中，经常会碰到通过不同途径去访问修改共享数据的情况，这使得信息得不到有效的保护。为了能使这些共享数据既可以被一定范围内访问共享，又不会被随意更改，这时可以使用 const 进行定义。

能用 const 进行定义的对象通常有常对象、常数据成员、常成员函数、常指针、常引用等。

8.8.1　常对象

常对象是指对象的数据成员的值在对象被调用时不能被改变。常对象必须进行初始化，且不能被更新。不能通过常对象调用普通成员函数，但是可以通过普通对象调用常成员函数。常对象只能调用常成员函数。

常对象的声明如下：

const　<类名> <对象名>

或者

<类名>　const　<对象名>

例如：

```
#include<iostream>
using namespace std;
class Student
{
public:
Student(int n,float s):num(n),score(s){}
void change(int n,float s) const{num=n;score=s;}
void display( ) const{cout<<num<<"\t"<<score<<endl;}
private:
mutable int num;
mutable float score;
};
int main( )
{
Student const stud(101,78.5);
stud.display( );
stud.change(101,80.5);
stud.display( );
return 0;
}
```

程序运行结果如下：

```
101  78.5
101  80.5
```

8.8.2　常数据成员

常数据成员有两种声明形式：const int　cctwl；int const　cctwl；不能省略数据类型，可以添加 public、private 等访问控制符。说明：任何函数都不能对常数据成员赋值。构造函数对常数据成员进行初始化时也只能通过初始化列表进行。常数据成员在初始化时必须赋值或称其必须初始化。如果类有多个默认构造函数，则必须初始化常数据成员。

例如：

```
#include <iostream>
using namespace std;
class Myclass
{
    private:
        int x;                      //申明一个成员数据
        const int a;                //申明一个常成员数据
        static const int b;         //申明一个静态的常成员数据
        const int &r;               //声明一个常引用
public:
    Myclass(int,int);
    void Print( )
    {
        cout<<x<<",\t"<<a<<",\t"<<b<<"\t"<<r<<endl;
    }
    void Display(const double &r){
        cout<<r<<endl;
    }
};
const int Myclass::b=15;            //静态数据成员必须在类外初始化
Myclass::Myclass(int i,int j):x(i),a(j),r(x){}
                                    //成员列表初始化
int main(int argc, char **argv) {
    Myclass m1(10,20),m2(30,40);
    m1.Print( );
    m2.Print( );
    m2.Display(3.1415926);
    return 0;
}
```

程序运行结果如下：

```
10,20,15 10
30,40,15 10
3.14159
```

8.8.3　常成员函数

常成员函数是指由 const 修饰符修饰的成员函数，在常成员函数中不得修改类中的任何数据成员的值。声明：〈类型标志符〉函数名（参数表）const；说明：const 是函数类型的一部分，在实现部分也要带该关键字。const 关键字可以用于对重载函数的区分。常成员函数不能更新任何数据成员，也不能调用该类中没有用 const 修饰的成员函数，只能调用常成员函数和常数据成员。

例如：

```
int Point::GetY( ) const //定义常成员函数
{
return yVal;
}
class Set {
public:
Set (void){ card=0;}
bool Member(const int) const;
void AddElem(const int);
...
};
bool Set::Member (const int elem) const
{
...
}
```

8.8.4　常指针

常指针格式：

const 类型 *指针名

例如：

```
const int *p;
```

这种指针指的是常量指针，即不能通过该指针的间接引用改变其值；但是指针所指变量本身可以改变，指针变量也可以被不同地址赋值。

例如：

```
char *q;
const char *const p="ABCDEF";   //定义了一个常量常指针
q=p;                            //错误，试图将一个常指针赋值给非常指针
```

```
p=q;                        //错误,试图修改指针常量的值
*p='1';                     //错误,试图修改指针指向的值
p[1]='1';                   //错误
p=NULL;                     //错误
```

8.8.5 常引用

常引用的声明方式：

Const 类型 说明符 & 变量名；

常引用可做形参,也可以和常对象搭配。普通对象也可以和常引用搭配,在运行中,普通对象会被视为常对象。常引用做函数形参时和值传递很类似,但常引用有一个优点,在传递比较大的值时,用值传递耗时较长,而传递常引用可以显著提高效率。

例如：

```
#include<iostream>
using namespace std;
class Time
{
public:
  Time(int,int,int);
          int hour;
          int minute;
          int sec;
};
Time::Time(int h,int m,int s)
{
    hour=h;
    minute=m;
    sec=s;
}
void fun(Time &t)                    //形参 t 是 Time 类对象的引用
{
    t.hour=18;
}
int main()
{
```

```
    Time  t1(10,13,56);                 //t1是Time类对象
    fun(t1);                            //可通过引用来修改实参t1的值
    cout<<t1.hour<<endl;                //输出t1.hour的值为18
    return 0;
}
```

程序运行结果如下：

```
18
```

程序分析如下：

(1) 这里类对象t1里的minute值本来为13，但通过引用修改了实参t1里的值，使其变为18。

(2) 如果不希望在函数中修改实参t1的值，就可以把引用t声明为const引用（常引用），函数原型为void fun(const Time &t)；则在函数中不能改变t的值，也就是不能改变其对应的实参t1的值。

8.9 友 元

数据的封装性和隐藏实现其实是把双刃剑。当数据被封装后，类外的函数就无法访问到类内的私有成员，而在某些情况下又不得不访问这些私有成员。如果仅仅为了满足这特殊的少部分需求而把数据成员公有化，把数据置于公共的不安全的状态下，显然是不可取的。为了解决这一矛盾，平衡数据的安全性和共享性，就产生了友元这种机制，即尽可能地对数据进行封装，但对特殊要求应特殊对待。

8.9.1 友元函数

友元函数是类中用friend关键字声明的非成员函数，在友元函数的函数体内，可以通过对象名访问类的私有成员和保护成员。这个函数就像是这个类的好朋友，而这个类允许这个朋友访问其所创建对象的私有属性和私有方法。

例如：

```
#include<iostream>
#include <math.h>
using namespace std;
class Point
{
public:
    Point(double xx, double yy)
    {
```

```
        x=xx;
        y=yy;
    }
    friend double Distance(Point &a, Point &b);
                                        //类 Point 的友元函数
private:
    double x, y;
};
double Distance(Point &a, Point &b)   //类 Point 的友元函数
{
    double dx=a.x-b.x;
    double dy=a.y-b.y;
    return sqrt(dx*dx+dy*dy);
}
int main(void)
{
    Point p1(2.0, 3.0), p2(6.0, 0.0);
    double d=Distance(p1, p2);
                              //Distance 是类 Point 的友元函数
    cout<<"两点距离是:"<<d<<endl;
    return true;
}
```

程序运行结果如下：

两点距离是:5

程序分析如下：

(1) 友元函数必须在类的内部进行声明；

(2) 友元函数的实现必须在类的外部；

(3) 友元函数的声明位置与访问控制符无关。

8.9.2 友元类

友元类是指将一个类声明成另一个类的友元，此时，友元类中的所有成员函数都可以访问另一个类中的私有成员或保护成员。例如，若 A 类是 B 类的友元类，则 A 类的所有成员函数都是 B 类的友元函数。A 类可以访问 B 类的所有私有属性和方法。

例如：

```
#include<iostream>
using namespace std;
class A                                      //定义类 A
{
private:
    int x;
    friend class B;                          // 定义类 B 为类 A 的友元类
private:
    void setX(int x)
    {
        this—>x=x;
    }
};
class B                                      // 定义类 B
{
private:
    A  AObj;
public:
    void operater(int tmp)
    {
        AObj.setX(tmp);
    }
    void display( )
    {
        cout <<"类 A 的私有属性 x=" <<AObj.x <<endl;
    }
};
int main( )
{
    B b;
    b.operater(100);
    b.display( );
    return 0;
}
```

程序运行结果如下：

类 A 的私有属性 x=100

程序分析如下：

(1) 类 B 的所有成员函数都是类 A 的友元函数，可以访问类 A 的私有属性和方法。

(2) 友元类通常被设计为一种对数据操作或者类之间传递消息的辅助类。

8.10 类 模 板

在程序编码中，我们经常会碰到功能相同，而仅仅是数据类型不同的一些类，在这些类的编写过程中显然有不少重复的工作。为了能更有效地解决这一问题，可以采用类模板的方式来实现。类模板就是一系列相关类的模型或样板，它把数据类型本身当成了参数，相当于带有类型参数。简单来说，类模板是类的抽象，而类是类模板的实例。

类模板的定义格式如下：

```
template <模板参数表>
class 类名
{
定义体
};
```

由于类模板的类型参数是不确定的，所以类模板不能直接生成对象，需要先对模板参数制定"实参"来进行实例化。格式如下：

类模板名〈具体类型〉对象名[(构造函数实参列表)]

例如：

```
#include<iostream>
using namespace std;
template <class MB>                 //声明一个模板
class G                             //类模板名为 G
{
    private:
        MB x,y;
    public:
        G(MB xx,MB yy)
        { x=xx;  y=yy; }
        MB sum( )
        { return(x+y);}
```

```
};
int main( )
{
    G<int>  IntG (9,8);              //数据类型为 int 的实例化
    cout<<"整数和:"<<IntG.sum( )<<endl;
    G<double>DoubleG (9.9,8.8);     //数据类型为 Double 的实例化
    cout<<"浮点数和:"<<DoubleG.sum( )<<endl;
    return 0;
}
```

程序运行结果如下：

```
整数和:17
浮点数和:18.7
```

程序说明如下：

(1) 类模板的类型参数可以有多个，用逗号分隔，但每个类型前都要 class 修饰，如

```
template<class MB,class MB1, class MB2>
```

(2) 类模板中的成员函数是在类模板内定义的，但也可以改为在类模板外定义，其格式应为：

```
template<class 虚拟类型参数>
函数返回类型类模板名〈虚拟类型参数〉∷成员函数名(函数形参列表){……}
```

例如，可以改写成：

```
template<class MB>
GMB<G> ::sum( )
{ retrun(a+ b);}
```

8.11　C++标准模板库

标准模板库(即 STL)是一套功能强大的 C++ 模板类，它标准化了组件，提供通用的模板类和函数。这些模板类和函数可以实现多种流行和常用的算法和数据结构，避免重新开发，大大提高了编程效率。

在 C++中，标准模板库被组织在〈algorithm〉、〈deque〉、〈functional〉、〈iterator〉、〈vector〉、〈list〉、〈map〉、〈memory〉、〈numeric〉、〈queue〉、〈set〉、〈stack〉、〈utility〉13 个头文件中。

STL 包括了容器、算法、迭代器、内存配置器、适配器、仿函数六个部分，其中容器、算法、迭代器为核心组件，如表 8-1 所示。

表 8-1　标准模板库的主要组件类型

组　件	功 能 说 明
容器(container)	容器是 STL 最重要的组成部分，是以容纳其他对象为目的的类。每一个容器就相当于一个模板，主要由〈deque〉、〈vector〉、〈list〉、〈map〉、〈queue〉、〈set〉、〈stack〉组成
算法(algorithm)	算法作用于容器，提供了执行各种操作的方式，包括对容器内容执行初始化、排序、搜索和转换等操作。STL 大约有 100 个实现算法的模板函数，主要由〈algorithm〉、〈numeric〉、〈functional〉组成
迭代器(iterator)	迭代器用于遍历对象集合的元素。这些集合可能是容器，也可能是容器的子集，主要由〈utility〉、〈iterator〉、〈memory〉组成
内存配置器(allocator)	内存配置器主要为容器分配并管理内存，提升了 STL 库的可用性、可移植性和效率
适配器(adaptor)	适配器是用来修改其他组件接口的组件，主要有容器适配器、迭代适配器和函数适配器三种形式
仿函数(functor)	仿函数也称为函数对象，主要是定义了函数调用操作符 operator( )的类对象

通过 STL 组件，可以用简单的方式处理复杂的任务。

例如：

```
#include <iostream>
#include <vector>                    //运用了向量容器
int main( )
{
    std::vector<char>  char Vector;
    int x;
    for (x=0; x<5; ++x)
        charVector.push_back(96 +x);
    int size=charVector.size( );
    for (x=0; x<size; ++x)
    {
        std::vector<char>::iterator start=charVector.begin( );
        charVector.erase(start);
        std::vector<char>::iterator iter;
        for (iter=charVector.begin( );iter !=char Vector.
end( ); iter++ )
```

```
        {
            std::cout << *iter;
        }
        std::cout <<std::endl;
    }
    return 0;
}
```

程序运行结果如下：

```
abcd
bcd
cd
d
```

通过以上 vector 的例子可以简单了解标准模板库的使用，但 STL 内容比较多，教材篇幅有限，各种组件的详细功能使用就不在此详述。

课 后 习 题

一、选择题

1. 下列模板声明中，语法错误的是(　　)。

A. template<class MB> MB fun(MB *x){return *x;}

B. template<typename MB> MB fun(MBx){return x;}

C. template<class MB> classG{MB n;}

D. template<typename MB> MB fun(MBx,int n){return x *n;}

2. 下列情况中，哪一种情况不会调用拷贝构造函数？(　　)

A. 用派生类的对象去初始化基类对象时

B. 将类的一个对象赋值给该类的另一个对象时

C. 函数的形参是类的对象，调用函数进行形参和实参结合时

D. 函数的返回值是类的对象，函数执行返回调用者时

3. 下列有关继承和派生的叙述中，正确的是(　　)。

A. 派生类不能访问通过私有继承的基类的保护成员

B. 多继承的虚基类不能够实例化

C. 如果基类没有默认构造函数，派生类就应当声明带形参的构造函数

D. 基类的析构函数和虚函数都不能够被继承，需在派生类中重新实现

4. 下列关于 this 指针的说法正确的是(　　)。

A. this 指针存在于每个函数之中

B. 在类的非静态函数中，this 指针指向调用该函数的对象

C. this 指针是指向虚函数表的指针

D. this 指针是指向类的函数成员的指针

5. 下列关于友元函数的说法不正确的是(　　)。

A. 友元函数必须在类的内部进行声明

B. 友元函数的实现必须在类的外部

C. 友元函数的声明位置与访问控制符无关

D. 友元函数是指将一个类声明成另一个类的友元

6. 下列关于静态成员函数的说法不正确的是(　　)。

A. 静态成员函数没有 this 指针

B. 静态成员函数定义时必须加 static 关键字

C. 静态成员是类所有的对象的共享成员

D. 静态成员在对象中不占用存储空间

7. 下面程序的输出结果是(　　)。

```
#include <iostream>
using namespace std;
class A
{
public:
    A (int i) { x=i; }
    void dispa ( ) { cout <<x <<","; }
private :
    int x;
};
class B : public A
{
public:
    B(int i) : A(i+ 10) { x=i; }
    void dispb( ) { dispa( ); cout <<x <<endl; }
    private :
    int x;
};
int main( )
{
```

```
    B b(2);
    b.dispb( );
    return 0;
}
```

A. 10,2　　B. 12,10　　C. 12,2　　D. 2,2

8. 执行以下程序,构造函数 Gz( )和 Gz(const Gz &x)被调用的次数分别是(　　)。

```
#include <iostream>
using namespace std;
class Gz
{
public:
    Gz( ){cout<<"默认构造函数";}
    Gz(const Gz &x){cout<<"拷贝构造函数";}
};
    Gz userCode(Gz b){Gz c(b);return c;}
int main( )
{
    Gz a,d;
    Cout<<"调用 usercode( )\n";
    D=userCode(a);
    retrun 0;
}
```

A. 1 和 2　　B. 2 和 3　　C. 1 和 1　　D. 2 和 4

9. 以下程序的输出结果是(　　)。

```
#include <iostream>
using namespace std;
class A
{
public:
        A (int i=0):val(i) { cout<<val; }
        ~A ( ) { cout <<val; }
private :
int val;
};
```

```
class B {
public:
        B(int i,int j,int k=0):p2(i),p1(j),val(k)
{ cout<<val; }
    ~B( ) { cout <<val; }
private :
        A p1,p2;
int val;
};
int main( )
{
B obj(1,3,8);
return 0;
}
```

A. 318813　　B. 138831　　C. 138138　　D. 138

10. 以下程序的输出结果是(　　)。

```
#include <iostream>
using namespace std;
class DQ
{
private :
    int x;
public:
    DQ( ) { cout<<"构造函数"<<endl; }
    DQ(int x) { cout<<x<<endl; }
    DQ(const DQ &_DQ)
    {
        x=_DQ.x;
        cout<<"拷贝构造函数"<<endl;
    }
~DQ( ){cout<<"析构函数"<<endl;}
};
int main( )
{
    DQ A(8);
```

```
    return 0;
}
```

A. 8　构造函数　　　　　　　　　B. 构造函数　析构函数

C. 拷贝构造函数　析构函数　　　　D. 8　析构函数

二、填空题

1. 一个类有________个析构函数。________时，系统会自动调用析构函数。

2. 标准模板库（即 STL）包括了________、________、________、内存配置器、适配器、仿函数六个部分。

3. 用 const 进行定义的对象通常有________、常数据成员、________、常指针、________等。

4. 在 C++中引入了________和________关键字来让我们动态地创建和释放变量。

三、程序题

1. 根据已有代码和输出结果，补充完整横线处代码。

```
#include <iostream>
using namespace std;
class Base {
public:
    int k;
    Base(int n):k(n) { }
};
class Big {
public:
    int v; Base b;
    Big(int n):v(n), b(n) { };
____________________        // 在此处补充代码

};
int main( ) {
    Big a1(5); Big a2=a1;
    cout <<a1.v <<"," <<a1.b.k <<endl;
    cout <<a2.v <<"," <<a2.b.k <<endl;
    return 0;
}
```

程序输出结果如下：

```
5,5
5,5
```

2.根据已有代码和输出结果,补充完整横线处代码。

```
#include<iostream>
using namespace std;
class Student
{
public:
    Student(int=10,int=0);
    int number;
    int score;
    void display();
};
Student::Student(int num,int sco):number(num),score(sco)
{
}
void Student::display()
{
    cout<<number<<" "<<score<<endl;
}
void max(Student *p)
{
  int maxi=p[0].score;
  int temp=0;
  for(int i=1;i<5;i++)
  if(p[i].score>maxi)
  {
  maxi=p[i].score;
  temp=i;
  }
  cout<<p[temp].number<<" "<<maxi<<endl;
}
int main()
{
Student stu[5]={
```

```
Student{201801,68},
Student{201802,88},
Student{201803,99},
Student{201804,63},
Student{201805,75}};
____________
max(p);
return 0;
}
```

程序输出结果如下：

20180399

3. 写出以下程序的输出结果________。

```
#include <iostream>
using namespace std;
class A
{
  public:
      A ( ) { cout<<"A"; }
    ~A ( ) { cout <<"A"; }
};
class B {
    A a;
    public:
      B( ) { cout<<"B"; }
    ~B( ) { cout <<"B"; }

};
int main( )
{
B b;
return 0;
}
```

4. 下面的类定义中包含了构造函数和复制构造函数的原型声明，请在横线处填写正确的内容。

```
class MC
```

```
{
private :
    int data;
public:
    MC(int value);                    //构造函数
    MC(const ________ anotherObject) ;//复制构造函数
};
```

5. 设计一个带类的程序，要求包括构造函数、析构函数和拷贝构造函数。

第9章　类的继承与派生

C++是一门面向对象的语言，而面向对象程序设计有个很重要的特性就是类的继承与派生。继承与派生的机制允许在已有类的基础上创建新的类，新的类可以继承已有类的数据成员和成员函数，也可以增加自己特有的数据成员和成员函数，还可以对已有类中的成员函数进行重新定义。利用这一特性，可以实现代码的高层次的重用，还可以保持足够的灵活性，符合当代软件开发的思想。

9.1　类的继承与派生定义

什么是类的继承与派生呢？继承通常指的是从前辈中获到属性和行为的特征。在C++语言中，就是新类从已有的类那里获得已有的特性。而类的派生就是从已有类产生新类的过程，它允许程序员在原有类特性的基础上进行扩展，增加功能。因此，类的继承与派生其实是成对出现的概念。通常会把已有的类称为基类（父类），而把产生的新类称为派生类（子类），派生类同样也可以作为基类再次派生新的类。这样可以建立起具有共同关键特征的对象家族，从而很好地实现代码重用，大大提高程序的开发效率。

派生新类的过程通常包括吸收父类的成员、调整父类的成员、增加新的成员等环节。

在C++中，派生类的定义格式如下：

```
class 派生类名:继承方式基类名 1,…,继承方式基类名 n
{
派生类成员说明及定义
};
```

说明：

(1) class 是关键字，不能缺。派生类名须满足标识符命名规则。

(2) 继承方式包括 public 、private 和 protected 三种，默认情况是 private。它们决定了派生类成员以及类外对象对从基类继承来的成员的访问权限。

(3) 派生类成员说明及定义通常指派生类新增加的数据成员和成员函数，是派生类对基类的补充和扩展。

(4) 基类不能被派生类继承的两类函数是构造函数和析构函数。

例如：

```
class A
{
public:
    int pub;
protected:
    int pro;
private:
    int pri;
};
class B: public A
{
void fun( )
    {
        cout<<pub;
    }
};
```

程序说明：类 B 继承了类 A，类 B 称为类 A 的派生类（子类），类 A 称为类 B 的基类（父类）。

9.2 类的继承方式

在前面的章节，我们知道类的成员可以有 public、protected、private 这三种访问权限，而派生类的继承方式也有 public、protected、private 三种方式。这三种访问权限对应三种继承关系，如图 9-1 所示。

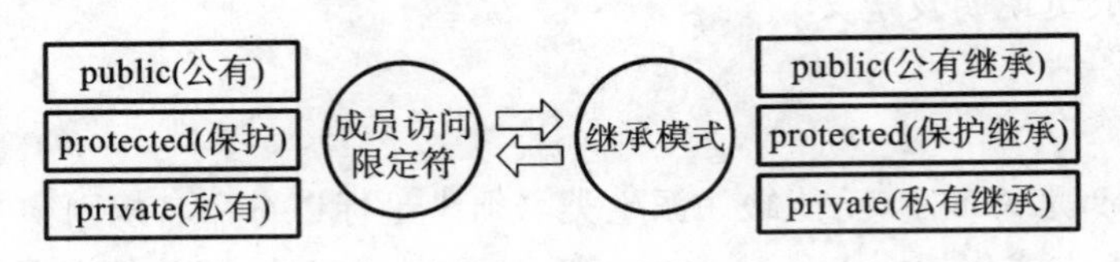

图 9-1　类继承关系图

应该注意的是，即使派生类继承了基类的全部成员，也并不意味着其对基类成员都能正常访问，它的访问会受到基类成员自身访问权限和派生类继承方式的共同约束，具体关系如表 9-1 所示。

表 9-1　不同继承方式下成员的访问权限

访问权限 继承方式	父类中的 public 成员	父类中的 protected 成员	父类中的 private 成员
public 继承	public 成员	protected 成员	不可访问
protected 继承	protected 成员	protected 成员	不可访问
private 继承	private 成员	private 成员	不可访问

说明：

(1) 父类的非 private 成员在子类的访问属性均不变；

(2) 父类的非 private 成员都成为子类的 protected 成员；

(3) 父类的非 private 成员都成为子类的 private 成员。

因此，在实际派生类的运用中通常都是使用 public 继承，个别条件下才会使用 protetced 或 private 继承。

用下面的代码简单理解一下：

```
#include<iostream>
using namespace std;
class Base
{
private:
    int priData;
protected:
    int proData;
public:
    int pubData;
};
class D1:private Base          //私有继承
{
    void f1()
    {
      //priData=1;             //基类 private 成员在派生类中不可直接
访问
       proData=2;              //基类的 protected 成员在派生类中为
private 访问属性
      pubData=3;              //基类的 public 成员在派生类中为 private
访问属性
```

```
    }
};
class D2:protected Base  //保护继承
{
    void f2()
    {
        //priData=1;        //基类private成员在派生类中不可直接访问
        proData=2;          //基类的protected成员在派生类中为protected属性
        pubData=3;          //基类的public成员在派生类中为protected访问属性
    }
};
class D3:public Base     //公有继承
{
    void f3()
    {
        //priData=1;        //基类private成员在派生类中不可直接访问
        proData=2;          //基类protected成员在派生类中为protected访问属性
        pubData=3;          //基类public成员在派生类中为public访问属性
    }
};
int main()
{
    Base obj;
    //obj.priData=1;        //对象不可访问Base类中private成员
    //obj.proData=2;        //对象不可访问Base类中protected成员
    obj.pubData=3;
    D1 objD1;
    //objD1.pubData=3;      //private属性,不可访问
    D2 objD2;
```

```
    //objD2.pubData=3;    //protected属性,不可访问
    D3 objD3;
    objD3.pubData=3;      //public属性,可以访问
    return 0;
}
```

程序运行结果为无内容输出。

基类的 private 成员函数虽然在派生类的成员函数中不可直接访问,但派生类的成员函数可以通过调用基类被继承的函数来间接访问这些成员。如果基类的函数被继承后在派生类中仍为 public 成员,则可以通过派生类对象直接调用。

先来看一下类成员的访问属性及作用,如表 9-2 所示。

表 9-2 类成员的访问属性及作用关系表

访问属性	作　用
private	只允许该类的成员函数及友元函数访问,不能被其他函数访问
protected	既允许该类的成员函数及友元函数访问,也允许其派生类的成员函数访问
public	既允许该类的成员函数访问,也允许类外部的其他函数访问

继续通过代码来理解:

```
#include<iostream>
using namespace std;
class Base
{
private:
    int priData;
protected:
  int proData;
public:
    int pubData;
//在类的定义中不能对数据成员进行初始化
    void SetData()//为基类中的数据成员赋值
    {
        priData=100;
        proData=200;
        pubData=300;
    }
    void Print()
```

```
    {
        cout<<"priData="<<priData<<endl;
        cout<<"proData="<<proData<<endl;
        cout<<"pubData="<<pubData<<endl;
    }
};
class Derived:public Base
{
public:
    void ChangeData( )
    {
        SetData( );
        proData=12; //派生类的成员函数类可以访问基类的非私有成员
    }
};
int main( )
{
    Base b;
    b.SetData( );
    b.Print( );
    Derived d1;
    d1.ChangeData( );
    d1.pubData=13;
    d1.Print( );
    return 0;
}
```

运行结果如下：

```
priData=100
proData=200
pubData=300
priData=100
proData=12
pubData=13
```

9.3　派生类的构造函数和析构函数

在前面的学习中，我们知道构造函数主要负责类建立对象时数据成员的初始化，析构函数负责销毁对象时回收资源。由于基类的构造函数不能被派生类继承，因此，在定义一个派生类的对象时，需要用派生类的构造函数初始化新增加的数据成员，在派生类的构造函数中通过对基类构造函数的调用来进行从基类继承来的数据成员的初始化工作。同样，派生类的析构函数能完成派生类中新增加数据成员的扫尾、清理工作，而从基类继承来的数据成员的扫尾工作也应由基类的析构函数完成。

9.3.1　派生类的构造函数

通常如果没有专门定义类的构造函数，系统会提供默认的构造函数。派生类需要定义自己的构造函数时，可使用如下格式：

```
派生类名(总形式参数表) :基类名(参数表),内嵌子对象(参数表)
        {
派生类增加的数据成员的初始化语句
          }
```

说明：

(1) 总形式参数表给出派生类构造函数中所有的形式参数，作为调用基类带参构造函数的实际参数以及初始化本类数据成员的参数。

(2) 一般情况下，基类名后面的参数表中的实际参数来自前面派生类构造函数形式参数总表，当然也可能是与前面形式参数无关的常量。

(3) 在多层次继承中，每一个派生类只需要负责向直接基类的构造函数提供参数；如果一个基类有多个派生类，则每个派生类都要负责向该基类的构造函数提供参数。

(4) 如果基类定义了带有形参表的构造函数，派生类就必须定义构造函数，其他情况下可定义也可缺省。

(5) 派生类对象构造函数的执行顺序如图 9-2 所示。

图 9-2　继承关系中的构造函数调用顺序

例如：

```
#include <iostream>
```

```
#include <time.h>
using namespace std;
class B1
{
public:
    B1(int i)
    {
        cout<<"constructing B1 "<<i<<endl;
    }
};
class B2
{
public:
    B2(int j)
    {
        cout<<"constructing B2 "<<j<<endl;
    }
};
class B3
{
public:
    B3()
    {
        cout<<"constructing B3"<<endl;
    }
};
class C: public B2, public B1, public B3
{
public:
    C(int a, int b, int c, int d):B1(a), memberB2(d), memberB1
(c),B2(b)
    {
    }
private:
    B1 memberB1;
    B2 memberB2;
```

```
    B3 memberB3;
};
int main()
{
    C obj(1,2,3,4);
    return 0;
}
```

程序运行结果如下：

```
constructing B2 2
constructing B1 1
constructing B3
constructing B1 3
constructing B2 4
constructing B3
```

9.3.2　派生类的析构函数

派生类的析构函数的功能是在该对象消亡之前进行一些必要的清理工作。由于析构函数不能带参数，因此派生类的析构函数默认直接调用了基类的析构函数。析构函数的执行顺序与构造函数的相反，如图9-3所示。

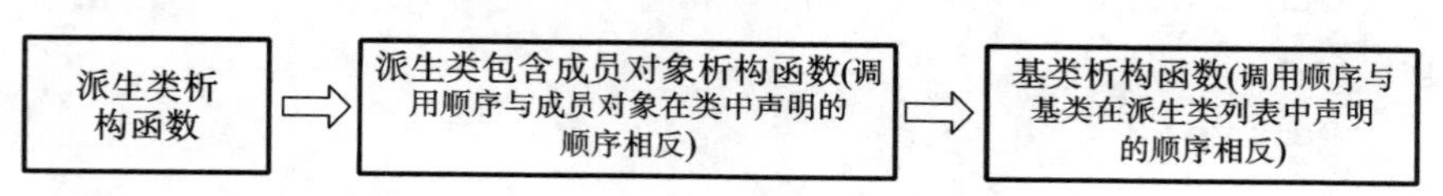

图9-3　继承关系中的析构函数调用顺序

例如：

```
#include<iostream>
using namespace std;
class Other
{
public:
    Other()
    {
        cout<<"constructing Other class"<<endl;
    }
    ~Other()
    {
```

```
        cout<<"destructing Other class"<<endl;
    }
};
class Base
{
public:
    Base()
    {
        cout<<"constructing Base class"<<endl;
    }
    ~Base()
    {
        cout<<"destructing Base class"<<endl;
    }
};
class Derive:public Base
{
private:
    Other ot;
public:
    Derive()
    {
        cout<<"constructing Derive class"<<endl;
    }
    ~Derive()
    {
        cout<<"destructing Derive class"<<endl;
    }
};
int main()
{
    Derive d;
    return 0;
}
```

程序运行结果如下：

```
constructing Base class
constructing Other class
constructing Derive class
destructing Derive class
destructing Other class
destructing Base class
```

可以看到定义派生类对象时，构造函数的调用顺序如下：

(1) 先调用基类的构造函数；

(2) 然后调用派生类对象成员所属类的构造函数(如果有对象成员)；

(3) 最后调用派生类的构造函数。

综合可知，析构函数的调用顺序正好与构造函数调用顺序相反。

9.4　多重继承

9.4.1　多重继承的概念和定义

一个子类只有一个直接父类时，称这个继承关系为单继承。

一个子类有两个或以上直接父类时，称这个继承关系为多继承。

多继承表示一个子类可以有多个父类，它继承了多个父类的特性。

多重继承的定义形式语法如下：

```
class 派生类名 : 继承方式 1 基类名 1 , 继承方式 2 基类名 2 ,…
{
派生类类体
};
```

例如：

```
#include<iostream>
using namespace std;
class Grand
{
    int g;
public:
    Grand(int n):g(n)
    {
        cout<<"Constructor of class Grand g="<<g<<endl;
    }
```

```
    ~Grand( )
    {
        cout<<"Destructor of class Grand"<<endl;
    }
};

class Father:public Grand
{
    int f;
public:
    Father(int n1,int n2):Grand(n2),f(n1)
    {
        cout<<"Constructor of class Father f="<<f<<endl;
    }
    ~Father( )
    {
        cout<<"Destructor of class Father"<<endl;
    }
};
class Mother
{
    int m;
public:
    Mother(int n):m(n)
    {
        cout<<"Constructor of class Mother m="<<m<<endl;
    }
    ~Mother( )
    {
        cout<<"Destructor of class Mother"<<endl;
    }
};
class Son:public Father,public Mother
{
    int s;
```

```
public:
    Son(int n1,int n2,int n3,int n4):Mother(n2),Father(n3,
n4),s(n1)
    {
        cout<<"Constructor of class Son s="<<s<<endl;
    }
    ~Son()
    {
        cout<<"Destructor of class Son"<<endl;
    }
};
int main()
{
    Son s(1,2,3,4);
    return 0;
}
```

程序运行结果如下：

```
Constructor of class Grand g=4
Constructor of class Father f=3
Constructor of class Mother m=2
Constructor of class Son s=1
Destructor of class Son
Destructor of class Mother
Destructor of class Father
Destructor of class Grand
```

可以看到，与单一继承不同的是：在多重继承中，派生类有多个平行的基类，这些处于同一层次的基类构造函数的调用顺序，取决于声明派生类时所指定的各个基类的顺序，而与派生类构造函数的成员初始化列表中调用基类构造函数的顺序无关。

9.4.2　多重继承的二义性

通常情况下，如果某个派生类的部分或全部直接基类是从另一个共同的基类派生而来，在这些直接基类中，从上一级基类继承来的成员就拥有相同的名称，因此派生类中也就会产生同名现象，从而导致派生类中出现引用同名成员的二义性。

例如：

```
#include<iostream>
#include<time.h>
using namespace std;
class B0
{
public:
    int nV;
    void fun()
    {
        cout<<"member of B0 "<<nV<<endl;
    }
};
class B1:public B0
{
public:
    int nV1;
};
class B2:public B0
{
public:
    int nV2;
};
class D1:public B1, public B2
{
public:
    int nVd;
    void fund()
    {
        cout<<"member of D1"<<endl;
    }
};
int main()
{
    D1 d1;
    d1.B1::nV=2;
```

```
    d1.B1::fun( );
    d1.B2::nV=3;
    d1.B2::fun( );
    return 0;
}
```

输出结果为：

```
member of B0 2
member of B0 3
```

注意：

(1) 从不同基类继承的同名成员，在引用时产生二义性。此时可通过对成员名限定的方式来消除，也就是在成员名前用对象名及基类名来限定。

(2) 当出现低层派生类从不同的路径上多次继承同一个基类时，会产生二义性，此时可用基类名和域运算符限定来避免。

9.4.3 虚基类

如果在多重继承时，多条继承路径上有一个共同的基类，那么在这些路径中的某几条汇合处，这个共同的基类就会产生多个实例，也就产生二义性问题，但实际上只需保存这个基类的一个实例即可。为了有效避免由此引起的二义性问题，通常把这个共同基类设置为虚基类(见图 9-4)，用 virtual 限定符把基类继承说明为虚拟的。

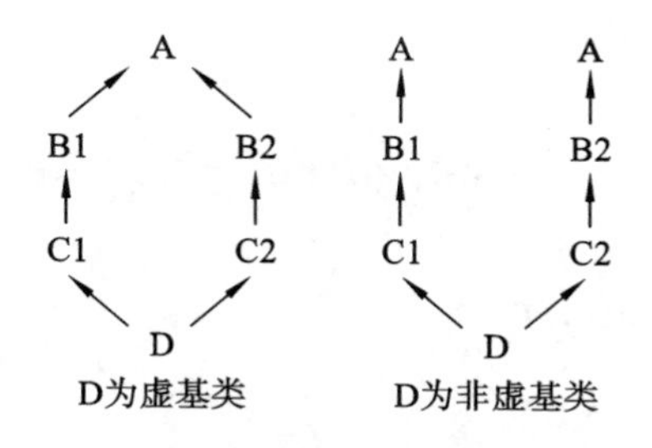

图 9-4　虚基类示意图

虚基类的初始化与一般多继承的初始化在语法上是一样的，其语法形式为：
class 派生类名∷virtual 继承方式 基类名；

构造函数的调用次序与一般多继承的不同，其调用次序有三个原则：

(1) 虚基类的构造函数在非虚基类之前调用；

(2) 若同一层次中包含多个虚基类，这些虚基类的构造函数按它们说明的次序调用；

(3) 若虚基类由非虚基类派生而来，则仍先调用基类构造函数，再调用派生类的构造函数。

例如：

```
#include <iostream>
using namespace std;
class B0                          // 声明为基类 B0
{
  int nv;                        //默认为私有成员
public://外部接口
  B0(int n){ nv=n; cout<<"Member of B0"<<endl; }
                                              //B0 类的构造函数
  void fun(){cout<<"fun of B0"<<endl; }
};
class B1 :virtual public B0
{
  int nv1;
public:
  B1(int a) :B0(a){ cout <<"Member of B1" <<endl;}
};
class B2 :virtual public B0
{
  int nv2;
public:
B2(int a) :B0(a){ cout <<"Member of B2"<<endl; }
};
class D1 :public B1, public B2
{
  int nvd;
public:
D1(int a) :B0(a), B1(a), B2(a){ cout <<"Member of D1" <<endl;
}
  void fund(){ cout <<"fun of D1" <<endl; }
};
int main(void)
{
    D1 d1(1);
```

```
    d1.fund( );
    d1.fun( );
    return 0;
}
```

执行结果：

```
Member of B0
Member of B1
Member of B2
Member of D1
fun of D1
fun of B0
```

程序说明：这里D1在B1、B2上继承，间接继承B0，D1继承的成员变量有nv、nv1、nv2，并且只继承一次。如果不是由虚基类继承而来，那么nv会被D1从B1和B2各继承一次，造成冗余。

课 后 习 题

一、选择题

1. 下面描述中，错误的是(　　)。

A. 一个派生类可以作为另外一个派生类的基类

B. 派生类至少有一个基类

C. 派生类的成员除了它自己的成员外，还包含了它的基类的成员

D. 派生类继承基类成员的访问权限并保持不变

2. 当保护继承时，基类的(　　)在派生类中成为保护成员，不能通过派生类的对象来直接访问。

A. 任何成员　　B. 公有成员和保护成员

C. 公有成员和私有成员　　D. 私有成员

3. 在公有派生情况下，有关派生类对象和基类对象的关系，不正确的叙述是(　　)。

A. 派生类的对象可以赋给基类的对象

B. 派生类的对象可以初始化基类的引用

C. 派生类的对象可以直接访问基类的成员

D. 派生类的对象的地址可以赋给指向基类的指针

4. 下列程序执行后的输出结果是(　　)。

A. CBA　　B. BAC　　C. ACB　　D. ABC

程序如下：

```
#include<iostream>
using namespace std;
class A {
public:
        A() {cout<<"A";}
};
class B {
public:
B() {cout<<"B";}
};
class C: public A{
        B b;
public:
        C() {cout<<"C";}
};
int main()
{C obj; return 0;}
```

5. 下列程序中没有语法错误的语句是(　　)。

```
#include<iostream>
using namespace std;
class Base{
private:
        void fun1() const {cout<<"fun1";}
protected:
        void fun2() const {cout<<"fun2";}
public:
void fun3() const {cout<<"fun3";}
};
class Derived : protected  Base{
public:
        void fun4() const {cout<<"fun4";}
};
int main(){
```

```
    Derived obj;
obj.fun1( );  //①
obj.fun2( );  //②
obj.fun3( );  //③
obj.fun4( );  //④
}
```

A. ①　　B. ②　　C. ③　　D. ④

二、程序设计题

1. 定义一个 Point 类，派生出 Rectangle 类和 Circle 类，计算各派生类对象的面积 Area。

2. 设计一个建筑物类 Building，由它派生出教学楼类 Teach-Building 和宿舍楼类 Dorm-Building，前者包括教学楼编号、层数、教室数、总面积等基本信息，后者包括宿舍楼编号、层数、宿舍数、总面积和容纳学生总人数等基本信息。

第 10 章　虚函数和多态

通过前面的学习,我们掌握了面向对象编程的思想,现实项目中很多实现和接口是分离的,需要我们使用虚函数和多态来解决这类问题。面向对象的程序设计中使用多态,能够增强程序的可扩充性,即程序需要修改或增加功能的时候,需要改动和增加的代码较少。下面我们一起学习面向对象的高级属性——虚函数和多态。

10.1　虚函数的使用

虚函数是C++中用于实现多态(polymorphism)的机制。核心理念就是通过基类访问派生类定义的函数。

虚函数就是用 virtual 关键字修饰的成员函数。一个类中的虚函数可以在其派生类中重新定义,这就是改写或覆盖(override)。所谓改写就是派生类对其基类中的虚函数按相同的函数名、形参表和返回值,进行重新定义。当通过基类的引用或指针来调用虚函数时,实际执行的是派生类改写后的虚函数,而不是基类定义的虚函数。

(1) 在基类用 virtual 声明成员函数为虚函数。这样就可以在派生类中重新定义此函数,为它赋予新的功能,并能方便被调用。在类外定义虚函数时,不必用 virtual 声明。

(2) 在派生类中重新定义此函数,要求函数名、函数类型、函数参数个数和类型全部与基类的虚函数相同,并根据派生类的需要重新定义函数体。C++规定,当一个成员函数被声明为虚函数后,其派生类的同名函数都自动成为虚函数。因此在派生类重新声明该虚函数时,可以加 virtual,也可以不加,但习惯上一般在每层声明该函数时都加上 virtual,使程序更加清晰。如果在派生类中没有对基类的虚函数重新定义,则派生类简单地继承基类的虚函数。

(3) 定义一个指向基类对象的指针变量,并使它指向同一类族中需要调用该函数的对象。

(4) 通过该指针变量调用此虚函数,此时调用的就是指针变量指向的对象的同名函数。

下面通过例 10-1 演示虚函数的定义和使用。将最上层基类 AbsBase 中的

who 函数添加一个 virtual 修饰，这样使其 3 个派生类中的 who 成员函数都成为改写后的虚函数。

例 10-1　虚函数的定义和使用。

```
#include<iostream.h>
class AbsBase{
public:
    virtual void who( ) { cout<<"AbsBase."<<endl; }  //虚函数
};
class Base : public AbsBase{
public:
    void who( ) { cout<<"Base."<<endl; }             //改写虚函数
};
class Derived1 : public Base{
public:
    void who( ) { cout<<"Derived1."<<endl; }         //改写虚函数
};
class Derived2 : public Base{
public:
    void who( ) { cout<<"Derived2."<<endl; }         //改写虚函数
};
void f(AbsBase &ref){
    ref.who( );                          //通过基类的引用调用虚函数
}
void f(Base *pb){
    pb->who( );                          //通过基类的指针调用虚函数
}
void main(void){
    Base obj1;Derived1 obj2;Derived2 obj3;
    f(obj1);                                       //A
    f(obj2);
    f(obj3);
    f(&obj1);                                      //B
    f(&obj2);
    f(&obj3);
```

```
    Derived1 *pd=&obj2;                              //C
    pd—>who( );
    f(pd);
    Base *pb=pd;
    pb—>who( );
    Derived1 *pd2=(Derived1 *)pb;
    pd2—>who( );
    Derived2 *pd3=(Derived2 *)pd2;                   //D
    pd3—>who( );                                     //E
}
```

程序运行结果如下。

```
Base.
Derived1.
Derived2.
Base.
Derived1.
Derived2.
Derived1.
Derived1.
Derived1.
Derived1.
Derived1.
```

程序分析如下：

(1) A 行开始的 3 行调用了函数 f(AbsBase&ref)，函数中通过基类 AbsBase 的引用来调用虚函数 who，而实际执行的是这 3 个对象的实际类型各自改写的虚函数，而不是基类的函数。

(2) B 行开始的 3 行调用了函数 f(Base *pb)，函数中通过基类 Base 的指针调用虚函数 who，而实际执行的是这 3 个对象的实际类型各自改写的虚函数，而不是基类的函数。

(3) C 行开始针对 obj2 对象进行操作，它的实际类型是 Derived1，无论是通过基类的指针，还是强制类型转换后的派生类指针，调用虚函数 who，执行的都是实际类型 Drived1 中的虚函数，即便 D 行和 E 行有语义错误。

10.2　成员函数中调用虚函数

成员函数可以直接调用本类中的虚函数。但应注意，直接调用成员函数往往省略“this->”，也就是说，直接调用虚函数实际上就是通过当前对象的指针 this 来调用的。此时如果虚函数被派生类改写，而且调用虚函数作用于一个派生类对象，那么执行的就是改写后的虚函数。

例 10-2　成员函数中调用虚函数编程。

```
#include<iostream.h>
class  A{
public:
    virtual void  fun1(){  cout<<"A::fun1"<<'\t';fun2(); }
    void fun2(){  cout<<"A::fun2"<<'\t';fun3(); }
    virtual void  fun3(){  cout<<"A::fun3"<<'\t';fun4(); }
    virtual void  fun4(){  cout<<"A::fun4"<<'\t';fun5(); }
    void fun5(){  cout<<"A::fun5"<<'\n';  }
};
class B:public A{
public:
    void  fun3(){  cout<<"B::fun3"<<'\t';  fun4(); }
    void  fun4(){  cout<<"B::fun4"<<'\t';  fun5();}
    void  fun5(){  cout<<"B::fun5"<<'\n';  }
};
void main(void){
    A  a;
    a.fun1();                        //A 输出第 1 行
    B  b;
    b.fun1();                        //B 输出第 2 行
}
```

程序运行结果如下。

```
A::fun1  A::fun2  A::fun3  A::fun4  A::fun5
A::fun1  A::fun2  B::fun3  B::fun4  B::fun5
```

程序分析如下：

(1) 基类中的 fun1( )函数是虚函数，但没有被派生类 B 改写。派生类 B 中改写了 fun3( )和 fun4( )这两个虚函数。基类中的 fun5( )不是虚函数，那么派生类中的 fun5( )只是用支配规则隐藏了基类中的同名函数。注意类中调用成员函数都省略了“this—>”。

(2) A 行执行的输出结果容易理解,它与派生类 B 无关,执行的都是基类的函数。

(3) B 行中 b. fun1 先调用执行了基类中的 fun1 函数,fun1 中又调用执行类 fun2。在基类 A 中的 fun2 函数中调用 fun3,实际上是“this—>fun3( );”,此时当前对象是派生类 B 的对象 b,因此派生类中改写的 fun3 函数被执行,而不是基类 A 中的 fun3,输出“B::fun3”。同样原因,再调用派生类 B 中的虚函数 fun4,输出“B::fun4”。最后调用执行了派生类中的 fun5 函数,输出“B::fun5”。

(4) 基类中的虚函数的成员即使是私有的,而在派生类也能把成员改写写为公有的。上面例子中,将 fun3 和 fun4 这两个虚函数改为基类 A 的私有成员,执行结果仍然相同。这说明私有虚函数也能被派生类改写,但通常虚函数需要被类外程序调用,多为公有。

10.3　构造函数中调用虚函数

在构造函数中可以直接调用本类中的虚函数。尽管派生类可以改写虚函数,而且创建的是派生类的对象,但不会执行改写后的虚函数,而只能执行本类自己的虚函数,这是因为构造函数的特殊性。

例 10-3　构造函数中调用虚函数,此时多态性不起作用。

```
#include <iostream>
class Base
{
public:
    Base( ) { Foo( ); }  //<打印 1

v irtual void Foo( )
{
    std::cout <<1 <<std::endl;
}
};
class Derive : public Base
{
public:
    Derive( ) : Base( ), m_pData(new int(2)) {}
```

```
    ~Derive( ) { delete m_pData; }

    virtual void Foo( )
    {
        std::cout << *m_pData <<std::endl;
    }
private:
    int* m_pData;
};
int main( )
{
    Base *p=new Derive( );
    delete p;
    return 0;
}
```

程序运行结果如下：

1

程序分析如下：

(1) 这表明第5行执行的是Base::Foo( )而不是Derive::Foo( )，也就是说，虚函数在构造函数中“不起作用”。为什么？当实例化一个派生类对象时，首先进行基类部分的构造，然后再进行派生类部分的构造。即创建Derive对象时，会先调用Base的构造函数，再调用Derive的构造函数。当在构造基类部分时，派生类还没被完全创建，从某种意义上讲此时它只是个基类对象。即当Base::Base( )执行时Derive对象还没被完全创建，此时它被当成一个Base对象，而不是Derive对象，因此Foo绑定的是Base的Foo。

(2) C++之所以这样设计是为了减少错误和Bug的出现。假设在构造函数中虚函数仍然“生效”，即Base::Base( )中的Foo( );所调用的是Derive::Foo( )。当Base::Base( )被调用时派生类中的数据m_pData还未被正确初始化，这时执行Derive::Foo( )将导致程序对一个未初始化的地址引用，得到的结果是不可预料的，甚至使程序崩溃(访问非法内存)。

10.4　虚析构函数

通常，如果想通过指向某个对象基类的指针操纵这个对象(也就是通过它的一般接口操纵这个对象)，会发生什么现象？当我们用new创建对象指针时，就会出现这个问题。如果这个指针是指向基类的，在 delete 期间，编译器只能知道调用这个析构函数的基类版本。虚函数被创建恰恰是为了解决同样的问题(除了构造函数以外的所有函数都可以是虚函数，即析构函数可以是虚函数，构造函数不能是虚函数)。

例 10-4　虚析构函数。

```
using namespace std;
class Base1
{
public:
    ~Base1(){cout<<"~Base1()"<<endl;}
};
class Derived1:public Base1
{
public:
    ~Derived1(){cout<<"~Derived1"<<endl;}
};
class Base2
{
public:
    virtual ~Base2(){cout<<"Base2()"<<endl;} //虚析构函数
};
class Derived2:public Base2
{
public:
    ~Derived2(){cout<<"Derived2()"<<endl;}
};
void main()
{
    Base1 *bp=new Derived1;
    delete bp;
    Base2 *b2p=new Derived2;
    delete b2p;
}
```

程序分析如下：

(1) 当运行这个程序，将会看到 delete bp 只调用了基类的析构函数，delete

b2p 调用了派生类的析构函数,然后调用基类的析构函数。这正是我们希望的。

(2) 对于一个类,哪些成员函数应该说明为虚函数?一个成员函数完成一项功能或提供一项服务。一项功能或服务包括两方面:一个行为规范和多种可能的具体实现。

(3) 行为规范确定了该函数的名字、形参、返回值的形式和语义。行为规范作为类的接口,提供给类外程序,使类外程序能通过引用或指针调用该函数来提供服务。类外程序无需知晓被调用的函数内部是如何实现的。

(4)一种实现方案是一个具体的过程描述,表现为函数体内的一组语句序列。当改变具体实现方案时,不应影响到类外程序的函数调用。

(5) 对于一个函数,如果其规范可能隐含多种具体实现,而不是唯一实现,这个函数就应说明为虚函数。反之,如果一个函数的实现是唯一确定的,只希望被派生类继承,而不希望被改写,那么此函数就不能说明为虚函数。按惯例,如果从多个已有类中提取一个类作为基类,那么此类中的多数成员函数应说明为虚函数。

10.5　纯虚函数与抽象类

在许多情况下,不能在基类中为虚函数给出一个有意义的定义,这时可以将它说明为纯虚函数,将其定义留给派生类去做。说明纯虚函数的一般形式如下:

```
class 类名{
virtual 函数类型 函数名(参数列表)=0;
};
```

一个类可以说明多个纯虚函数,包含有纯虚函数的类称为抽象类。一个抽象类只能作为基类来派生新类,不能说明抽象类的对象,但可以说明指向抽象类对象的指针(或引用)。

从一个抽象类派生的类必须提供纯虚函数的实现代码,或在该派生类中仍将它说明为纯虚函数,否则编译器将给出错误信息。这说明了纯虚函数的派生类仍是抽象类。如果派生类给了某类所有纯虚函数的实现,则该派生类不再是抽象类。

如果通过同一个基类派生一系列的类,则将这些类总称为类族。抽象类的这一特点保证了类族的每个类都具有(提供)纯虚函数所要求的行为,进而保证了围绕这个类族所建立起来的软件能正常运行,避免了这个类族的用户由于偶然失误而影响系统正常运行。

抽象类至少含有一个虚函数,而且至少有一个虚函数是纯虚函数,以便将它与空的虚函数区分开来。下面是两种不同的表示方法:

```
virtual void area( )=0;
virtual void area( ){}
```

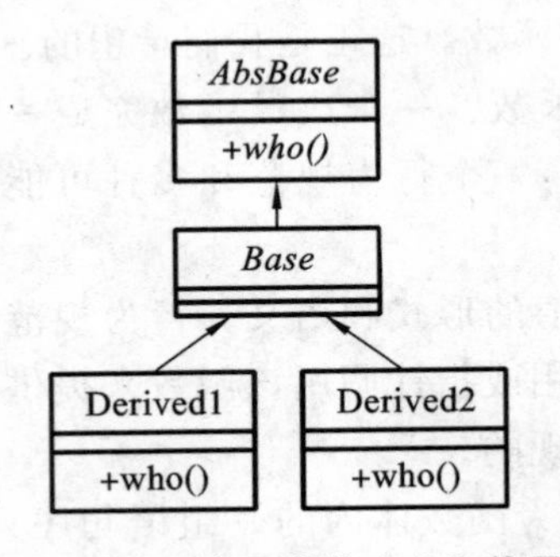

图 10-1　纯虚函数的定义和使用

在成员函数内可以调用纯虚函数。因为没有为纯虚函数定义代码,所以在构造函数或虚构函数内调用一个纯虚函数将导致程序运行错误。

例 10-5　纯虚函数的定义和使用。如图 10-1 所示,类 AbsBase 是一个抽象类,用斜体字表示,其中的纯虚函数 who 用斜体字表示。由于其派生类 Base 中没有提供这个纯虚函数的实现,因此该类仍是抽象类,不能创建对象。下面两个派生类分别提供了纯虚函数的实现,并能创建对象。

```
#include <iostream.h>
class AbsBase{
public:
    virtual void who( )=0;                          //纯虚函数
};
class Base : public AbsBase{ };                     //仍是抽象类
class Derived1 : public Base{
public:
void who( ) { cout<<"Derived1."<<endl; }           //纯虚函数的实现
};
class Derived2 : public Base{
public:
    void who( ) { cout<<"Derived2."<<endl; }//纯虚函数的实现
};
void f(AbsBase &ref){
    ref.who( );
}
void f(Base *pb){
    pb—>who( );
}
void main(void){
    Derived1 obj1;
    Derived2 obj2;
    f(obj1);
    f(obj2);
```

```
    f(&obj1);
    f(&obj2);
    Derived1 *pd=&obj1;
    pd->who();
    Base *pb=pd;
    pb->who();
    Derived1 *pd2=(Derived1 *)pb;
    pd2->who();
}
```

程序运行的结果如下：

```
Derived1.
Derived2.
Derived1.
Derived2.
Derived1.
Derived1.
Derived1.
```

程序分析如下：

(1) 如果在主函数中要创建 AbsBase 或者 Base 类的对象，编译时将指出错误，因为它们都是抽象类。尽管抽象类自己不能创建对象，但如果其派生类提供了所有纯虚函数的实现，则派生类就能创建对象，而这些对象也是抽象类的对象，因此我们不能说抽象类就没有对象。

(2) 尽管抽象类自己不能创建对象，但不妨碍说明抽象类的引用或指针，而且通过这些引用或指针还能调用纯虚函数，即便此时还不知道要执行哪一个虚函数。

10.6　面向对象的多态性

多态性是面向对象编程的最重要的特征之一。多态性的基本含义是，相同对象收到不同消息或不同对象收到相同消息时产生的不同的动作。C++提供了两种多态性：编译时刻的静态多态性和运行时刻的动态多态性。静态多态性是通过重载(overload)函数或运算符重载函数来实现的。动态多态性与继承性密切相关，具体有如下两个方面：子类型关系所实现的类型多态性和虚函数所实现的行为多态性。

10.6.1　静态多态性的实现

静态多态性靠编译器来实现，简单来说就是编译器对原来的函数名进行修饰，

在C语言中,函数无法重载,是因为C编译器在修饰函数时,只是简单地在函数名前加上下划线"_"。而C++编译器不同,它根据函数的类型、个数来对函数名进行修饰,这就使得函数可以重载。同理,模板也是可以实现的,针对不同类型的实参来产生对应的特化的函数,通过增加修饰,使得不同类型参数的函数得以区分。下面我们通过一个简单的案例来学习。

```
int Add(int left,int right)
{
return left+right;
}
float Add(float left, float right)
{
return left+right;
}
int main( )
{
    cout<<Add(1,2)<<endl;                //调用 int Add( )函数
    cout<<Add(1.34f,3.21f)<<endl;      //调 float Add( )函数
    return 0;
}
```

程序分析如下:

这里把重载归为静态多态性。重载的实现是:编译器根据函数不同的参数表,对同名函数的名称做修饰,然后这些同名函数就成了不同的函数(至少对于编译器来说是这样的)。函数的调用,在编译时就已经确定了,是静态的(记住:是静态)。也就是说,它们的地址在编译时就绑定了(早绑定)。正是由于重载的这种性质,也有结论认为:重载只是一种语言特性,与多态性无关,与面向对象也无关。基于面向对象来说,重载的概念并不属于"面向对象编程",多态性又是一个比较广泛的概念。这里为了便于理解先不去深度分析它们的区别,等多态的其他部分具体分析完毕,我们再来比较说明。

10.6.2　动态多态性的实现

声明一个类时,如果类中有虚方法,则自动在类中增加一个虚函数指针,该指针指向的是一个虚函数表,虚函数表中存着每个虚函数真正对应的函数地址。动态多态性采用一种延迟绑定技术,普通的函数调用,在编译时就已经确定了调用函数的地址。所以无论怎样调用,总是那个函数,但是拥有虚函数的类,在调用虚函数时,首先去查虚函数表,然后再确定调用哪一个函数,所以,调用的函数是在运行

时才会确定。

在声明基类对象时，虚函数表中绑定的是基类的方法的地址。在声明派生类对象时，虚函数表中绑定的就是派生类的方法。在对象被创建之后(以指针为例)，无论是基类指针还是派生类指针指向这个对象，虚函数表是不会改变的。

例如：

```
class CBase
{
    public :
    virtual void FunTest1(int _iTest) {
        cout <<"CBase: : FunTest1( ) " <<endl;
    }
    void FunTest2(int _iTest) {
        cout <<"CBase: : FunTest2( ) " <<endl;
    }
    virtual void FunTest3(int _iTest1) {
        cout <<"CBase: : FunTest3( ) " <<endl;
    }
    virtual void FunTest4(int _iTest) {
        cout <<"CBase: : FunTest4( ) " <<endl;
    }
};
class CDerived : public CBase
{
    public :
    virtual void FunTest1(int _iTest){
        cout <<"CDerived: : FunTest1( ) " <<endl;
    }
    virtual void FunTest2(int _iTest) {
        cout <<"CDerived: : FunTest2( ) " <<endl;
    }
    void FunTest3(int _iTest1) { cout <<"CDerived: : FunTest3
( ) " <<endl;
    }
    virtual void FunTest4(int _iTest1, int _iTest2){
        cout <<"CDerived: : FunTest4( ) " <<endl;
```

```
    }
};
int main(){
    CBase *pBase=new CDerived;
    pBase->FunTest1(0);
    pBase->FunTest2(0);
    pBase->FunTest3(0);
    pBase->FunTest4(0);    delete pBase;
    getchar();
    return 0;
}
```

程序运行结果如下：

```
CDerived::FunTest1()
CBase::FunTest2()
CDerived::FunTest3()
CBase::FunTest4()
```

程序分析如下：

当我们使用基类的指针或引用调用基类中定义的一个函数时，并不知道该函数真正的对象是什么类型，因为它可能是一个基类的对象，也可能是一个派生类的对象。如果该函数是虚函数，则直到运行时才会知道及执行哪个版本，判断的依据是引用或指针所绑定对象的真实类型。

课后习题

一. 选择题

1. 在C++中，要实现动态联编，必须使用(　　)调用虚函数。

A. 类名　　B. 派生类指针　　C. 对象名　　D. 基类指针

2. 下列函数中，不能说明为虚函数的是(　　)。

A. 私有成员函数　B. 公有成员函数　C. 构造函数　　D. 析构函数

3. 在派生类中，重载一个虚函数时，要求函数名、参数的个数、参数的类型、参数的顺序和函数的返回值(　　)。

A. 相同　　B. 不同　　C. 相容　　D. 部分相同

4. 当一个类的某个函数被说明为virtual时，该函数在该类的所有派生类中(　　)。

A. 都是虚函数

B. 只有被重新说明时才是虚函数

C. 只有被重新说明为 virtual 时才是虚函数

D. 都不是虚函数

5.（　　）是一个在基类中说明的虚函数，它在该基类中没有定义，但要求任何派生类都必须定义自己的版本。

A. 虚析构函数　　B. 虚构造函数

C. 纯虚函数　　D. 静态成员函数

6. 以下基类中的成员函数，（　　）表示纯虚函数。

A. virtual void vf(int)；　　B. void vf(int)＝0；

C. virtual void vf( )＝0；　　D. virtual void vf(int){ }

7. 下列描述中，（　　）是抽象类的特性。

A. 可以说明虚函数　　B. 可以进行构造函数重载

C. 可以定义友元函数　　D. 不能定义其对象

8. 类 B 是类 A 的公有派生类，类 A 和类 B 中都定义了虚函数 func( )，p 是一个指向类 A 对象的指针，则 p—>A∷func( )将（　　）。

A. 调用类 A 中的函数 func( )

B. 调用类 B 中的函数 func( )

C. 根据 p 所指的对象类型而确定调用类 A 或类 B 中的函数 func( )

D. 既调用类 A 中的函数，也调用类 B 中的函数

9. 类定义如下。

```
class A{
    public:
        virtual void func1( ){ }
        void fun2( ){ }
};
class B:public A{
    public:
        void func1( ) {cout<<"class B func1"<<endl;}
        virtual void func2( ) {cout<<"class B func2"<<endl;}
};
```

则下面正确的叙述是（　　）。

A. A∷func2( )和 B∷func1( )都是虚函数

B. A∷func2( )和 B∷func1( )都不是虚函数

C. B∷func1( )是虚函数，而 A∷func2( )不是虚函数

D. B::func1( )不是虚函数，而 A::func2( )是虚函数

10. 下列关于虚函数的说明中，正确的是(　　)。

A. 从虚基类继承的函数都是虚函数

B. 虚函数不得是静态成员函数

C. 只能通过指针或引用调用虚函数

D. 抽象类中的成员函数都是虚函数

二、程序设计题

1. 有一个交通工具类 vehicle，将它作为基类派生小车类 car、卡车类 truck 和轮船类 boat，定义这些类并定义一个虚函数用来显示各类信息。

2. 定义猫科动物 Animal 类，由其派生出猫类(Cat)和豹类(Leopard)，两者都包含虚函数 sound( )，要求根据派生类对象的不同调用各自重载后的成员函数。

第11章 运算符重载

C++预定义中的运算符的操作对象只局限于基本的内置数据类型,但是对于自定义的类型(类)是没有办法操作的。但是大多时候需要对定义的类型进行类似的运算,这个时候就需要对运算符进行重新定义,赋予其新的功能,以满足自身的需求。

11.1 C++运算符重载的实质

运算符重载的实质就是函数重载或函数多态。运算符重载是C++多态的一种形式,目的在于能够用同名的函数来完成不同的基本操作。要重载运算符,需要使用被称为运算符函数的特殊函数形式,运算符函数形式:

operator p(argument-list)//operator 后面的 p 为要重载的运算符符号。

即:〈返回类型说明符〉 operator 〈运算符符号〉(〈参数表〉)

{<函数体> }

C++中预定义的运算符的操作对象只能是基本数据类型,实际上,对于很多用户自定义类型,也需要有类似的运算操作。

例如:

```
class complex
{
public:
    complex(double r=0.0,double I=0.0){real=r;imag=I;}
    void display( );
private:
    double real;
    double imag;
};
complex a(10,20),b(5,8);
```

“a+b”运算如何实现? 这时候我们需要自己编写程序来说明“+”在作用于

complex类对象时,该实现什么样的功能,这就是运算符重载。运算符重载是对已有的运算符赋予多重含义,使同一个运算符作用于不同类型的数据导致不同类型的行为。

运算符重载的实质是函数重载。在实现过程中,首先把指定的运算表达式转化为对运算符函数的调用,运算对象转化为运算符函数的实参,然后根据实参的类型来确定需要调用的函数,这个过程在编译过程中完成。

11.2　运算符重载的规则

运算符重载规则如下:C++中的运算符除了少数几个之外,都可以重载,但只能重载C++中已有的运算符。重载之后运算符的优先级和结合性都不会发生改变。运算符重载是针对新类型数据的实际需要,对原有运算符进行适当的改造。一般来说,重载的功能应当与原有功能相类似,不能改变原运算符的操作对象个数,同时至少要有一个操作对象是自定义类型。

不能重载的运算符只有五个,它们是:成员运算符“.”、指针运算符“*”、作用域运算符“::”、“sizeof”、条件运算符“?:”。

运算符重载形式有两种:重载为类的成员函数和重载为类的友元函数。

运算符重载为类的成员函数的一般语法形式为:

函数类型 operator 运算符(形参表)

{函数体}

运算符重载为类的友元函数的一般语法形式为:

friend 函数类型 operator 运算符(形参表)

{函数体}

其中,函数类型就是运算结果类型;operator是定义运算符重载函数的关键字;运算符是重载的运算符名称。

当运算符重载为类的成员函数时,函数的参数个数比原来的操作个数要少一个;当重载为类的友元函数时,参数个数与原操作数个数相同。原因是重载为类的成员函数时,如果某个对象使用重载了的成员函数,自身的数据可以直接访问,就不需要再放在参数表中进行传递,少了的操作数就是该对象本身。而重载为友元函数时,友元函数对某个对象的数据进行操作,就必须通过该对象的名称来进行,因此使用到的参数都要进行传递,操作数的个数不会有变化。运算符重载的主要优点就是允许改变使用于系统内部的运算符的操作方式,以适应用户自定义类型的类似运算。

11.3　运算符重载为成员函数

对于双目运算符 B，如果要重载 B 为类的成员函数，使之能够实现表达式 oprd1 B oprd2，其中 oprd1 为类 A 的对象，则应当把 B 重载为类 A 的成员函数，该函数只有一个形参，形参的类型是 oprd2 所属的类型。经过重载后，表达式 oprd1 B oprd2 就相当于函数调用 oprd1. operator B(oprd2)。对于前置单目运算符 U，如“－”(负号)等，如果要重载 U 为类的成员函数，用来实现表达式 U oprd，其中 oprd 为类 A 的对象，则 U 应当重载为类 A 的成员函数，函数没有形参。经过重载之后，表达式 U oprd 相当于函数调用 oprd. operator U( )。对于后置运算符“＋＋”和“－ －”，如果要将它们重载为类的成员函数，用来实现表达式 oprd＋＋或 oprd－－，其中 oprd 为类 A 的对象，那么运算符就应当重载为类 A 的成员函数，这时函数要带有一个整型形参。重载之后，表达式 oprd＋＋和 oprd－－就相当于函数调用 oprd. operator＋＋(0)和 oprd. operator－－(0)；运算符重载就是赋予已有的运算符多重含义。通过重新定义运算符，使它能够用于特定类的对象执行特定的功能，这便增强了 C＋＋语言的扩充能力。

11.4　运算符重载的作用

运算符重载允许 C/C＋＋的运算符在用户定义类型(类)上拥有一个用户定义的意义。重载的运算符是函数调用的语法修饰：

```
class Fred
{
public:
    Fred operator+(Fred, Fred);
    Fred operator *(Fred, Fred);
    Fred f(Fred a, Fred b, Fred c)
    {
        return a *b+b *c+c *a;
    }
}
```

11.4.1　可以用作重载的运算符

算术运算符：＋，－，＊，/，%，＋＋，－－

位操作运算符：&，|，～，^，<<，>>

逻辑运算符:!,&&,||

比较运算符:<,>,>=,<=,==,!=

赋值运算符:=,+=,-=,*=,/=,%=,&=,|=,^=,<<=,>>=

其他运算符:[],(),->,,(逗号运算符),new,delete,new[],delete[],->*

不允许重载的运算符:.,.*,::,?:

11.4.2　运算符重载后的优先级和结合性

用户重载新定义运算符,不改变原运算符的优先级和结合性。这就是说,对运算符重载不改变运算符的优先级和结合性,并且运算符重载后,也不改变运算符的语法结构,即单目运算符只能重载为单目运算符,双目运算符只能重载为双目运算符。

11.4.3　编译程序如何选用哪一个运算符函数

运算符的重载实际上是函数的重载,编译程序对运算符重载的选择,遵循着函数重载的选择原则:当遇到不很明显的运算时,编译程序将去寻找参数相匹配的运算符函数。

11.4.4　重载运算符的限制

不可臆造新的运算符,必须把重载运算符限制在C++语言中已有的运算符范围内的允许重载的运算符之中。重载运算符坚持4个“不能改变”:

(1) 不能改变运算符操作数的个数;

(2) 不能改变运算符原有的优先级;

(3) 不能改变运算符原有的结合性;

(4) 不能改变运算符原有的语法结构。

11.5　运算符重载时必须遵循的原则

运算符重载可以使程序更加简洁,使表达式更加直观,增加可读性。但是,运算符重载不宜过多使用,否则会带来一定的麻烦。

(1) 重载运算符含义必须清楚;

(2) 重载运算符不能有二义性。

运算符重载的函数一般采用如下两种形式:成员函数形式和友元函数形式。这两种形式都可访问类中的私有成员。

11.5.1　重载为类的成员函数

这里先举一个关于给复数运算重载的四则运算符的例子。复数由实部和虚部两部分组成,可以定义一个复数类,然后再在类中重载复数四则运算的运算符。

```
#include <iostream.h>
class complex
{
public:
    complex( ) { real=imag=0; }
    complex(double r, double i)
    {
        real=r, imag=i;
    }
    complex operator+ (const complex &c);
    complex operator- (const complex &c);
    complex operator *(const complex &c);
    complex operator /(const complex &c);
    friend void print(const complex &c);
private:
    double real, imag;
};
inline complex complex::operator+ (const complex &c)
{
    return complex(real+c.real, imag+c.imag);
}
inline complex complex::operator- (const complex &c)
{
    return complex(real-c.real, imag-c.imag);
}
inline complex complex::operator *(const complex &c)
{
    return complex(real *c.real-imag *c.imag, real *c.imag
+imag *c.real);
}
inline complex complex::operator /(const complex &c)
```

```
    {
        return complex((real *c.real+imag+c.imag) / (c.real *c.
real+c.imag *c.imag), (imag *c.real-real *c.imag) / (c.real *c.
real+c.imag *c.imag));
    }
    void print(const complex &c)
    {
        if(c.imag<0)
            cout<<c.real<<c.imag<<'i';
        else
            cout<<c.real<<'+'<<c.imag<<'i';
    }
    void main()
    {
        complex c1(2.0, 3.0), c2(4.0,-2.0), c3;
        c3=c1+c2;
        cout<<"\nc1+c2=";
        print(c3);
        c3=c1-c2;
        cout<<"\nc1-c2=";
        print(c3);
        c3=c1 *c2;
        cout<<"\nc1 *c2=";
        print(c3);
        c3=c1 / c2;
        cout<<"\nc1/c2=";
        print(c3);
        c3=(c1+c2) *(c1-c2) *c2/c1;
        cout<<"\n(c1+c2) *(c1-c2) *c2/c1=";
        print(c3);
        cout<<endl;
    }
```

程序运行结果如下：

```
c1+c2=6+1i
c1-c2=-2+5i
```

```
c1*c2=14+8i
c1/c2=0.45+0.8i
(c1+c2)*(c1- c2)*c2/c1=9.61538+25.2308i
```

在程序中,类 complex 定义了 4 个成员函数作为运算符重载函数。将运算符重载函数说明为类的成员函数格式如下:

<类名> operator <运算符> (<参数表>)

其中,operator 是定义运算符重载函数的关键字。

程序中出现的表达式:c1＋c2,编译程序给出的解释为:c1. operator＋(c2)。其中,c1 和 c2 是 complex 类的对象。operator＋( )是运算符＋的重载函数。

该运算符重载函数仅有一个参数 c2。可见,当重载为成员函数时,双目运算符仅有一个参数。对单目运算符,重载为成员函数时,不能再显式说明参数。重载为成员函数时,总是隐含了一个参数,该参数是 this 指针。this 指针是指向调用该成员函数对象的指针。

11.5.2 重载为友元函数

算符重载函数还可以为友元函数。这样,对双目运算符,友元函数有 2 个参数,对单目运算符,友元函数有一个参数。但是,有些运行符不能重载为友元函数,它们是:＝,( ),[]和—>。

重载为友元函数的运算符重载函数的定义格式如下:

friend <类型说明符>operator <运算符>(<参数表>){……}

下面给出具体例子,程序如下:

```
#include <iostream.h>
class complex
{
public:
    complex( ) { real=imag=0; }
    complex(double r, double i)
{
    real=r, imag=i;
}
friend complex operator+ (const complex &c1, const complex
&c2);
friend complex operator- (const complex &c1, const complex
&c2);
friend complex operator *(const complex &c1, const complex
```

```
&c2);
    friend complex operator /(const complex &c1, const complex
&c2);
    friend void print(const complex &c);
    private:
        double real, imag;
    };
    complex operator+ (const complex &c1, const complex &c2)
    {
        return complex(c1.real+c2.real, c1.imag+c2.imag);
    }
    complex operator- (const complex &c1, const complex &c2)
    {
        return complex(c1.real-c2.real, c1.imag-c2.imag);
    }
    complex operator *(const complex &c1, const complex &c2)
    {
        return complex(c1.real *c2.real-c1.imag *c2.imag, c1.
real *c2.imag+c1.imag *c2.real);
    }
    complex operator /(const complex &c1, const complex &c2)
    {
        return complex((c1.real *c2.real+c1.imag *c2.imag) /
(c2.real *c2.real+c2.imag *c2.imag),(c1.imag *c2.real-c1.real
*c2.imag) / (c2.real *c2.real+c2.imag *c2.imag));
    }
    void print(const complex &c)
    {
        if(c.imag<0)
            cout<<c.real<<c.imag<<'i';
        else
            cout<<c.real<<'+'<<c.imag<<'i';
    }
    void main()
    {
```

```
    complex c1(2.0, 3.0), c2(4.0,-2.0), c3;
    c3=c1+c2;
    cout<<"\nc1+c2=";
    print(c3);
    c3=c1-c2;
    cout<<"\nc1-c2=";
    print(c3);
    c3=c1 *c2;
    cout<<"\nc1 *c2=";
    print(c3);
    c3=c1 / c2;
    cout<<"\nc1/c2=";
    print(c3);
    c3=(c1+c2) *(c1-c2) *c2/c1;
    cout<<"\n(c1+c2) *(c1-c2) *c2/c1=";
    print(c3);
    cout<<endl;
}
```

该程序的运行结果与上例相同。前面已讲过，对双目运算符，重载为成员函数时，仅一个参数，另一个被隐含；重载为友元函数时，有两个参数，没有隐含参数。因此，程序中出现的 c1＋c2 编译程序解释为：operator＋(c1, c2)。

调用如下函数，进行求值：

```
complex operator+ (const coplex&c1, const complex&c2)
```

11.5.3　两种重载形式的比较

一般来说，单目运算符最好被重载为成员，双目运算符最好被重载为友元函数，双目运算符重载为友元函数比重载为成员函数更方便。但是，有的双目运算符还是重载为成员函数好些，如赋值运算符。因为，它如果被重载为友元函数，将会出现与赋值语义不一致的地方。其他运算符的重载举例如下。

1. 下标运算符重载

由于 C 语言的数组中并没有保存其大小，因此，不能对数组元素进行存取范围的检查，无法保证数组动态赋值时不会越界。利用 C＋＋的类可以定义一种更安全、功能强的数组类型，为该类定义重载运算符[]。

例如：

```
#include <iostream.h>
using namespace std;
class CharArray
{
public:
    CharArray(int l)
    {
        Length=l;
        Buff=new char[Length];
    }
~CharArray( ) { delete Buff; }
intGetLength( ) { return Length; }
char& operator[](int i);
private:
    int Length;
    char *Buff;
};
char&CharArray::operator[](int i)
{
    static char ch=0;
    if(i<Length&&i>=0)
        return Buff[i];
else
{
        cout<<"\nIndex out of range.";
        return ch;
}
}
void main( )
{
    int cnt;
    CharArray string1(6);
    char *string2="string";
    for(cnt=0; cnt<8; cnt++)
        string1[cnt]=string2[cnt];
```

```
    cout<<"\n";
    for(cnt=0; cnt<8; cnt++)
        cout<<string1[cnt];
    cout<<"\n";
    cout<<string1.GetLength( )<<endl;
}
```

程序运行结果如下：

```
Index out of range.
Index out of range.
string
Index out of range.
Index out of range.
6
-------------------------
Process exited with return value 0
Press any key to continue...
```

该数组类的优点如下：

(1) 其大小不一定是一个常量。

(2) 运行时动态指定大小可以不用运算符 new 和 delete。

(3) 当使用该类数组作函数参数时，不用分别传递数组变量本身及其大小，因为该对象中已经保存大小。

在重载下标运算符函数时应该注意：

(1) 该函数只能带一个参数，不可带多个参数。

(2) 不得重载为友元函数，必须是非 static 类的成员函数。

重载增 1 减 1 运算符是单目运算符，它们有前缀和后缀运算两种。为了区分这两种运算，将后缀运算视为双目运算符。表达式 obj＋＋或 obj－－被看作为 obj＋＋0 或 obj－－0。

下面举例说明重载增 1 减 1 运算符的应用。

```
#include <iostream.h>
class counter
{
public:
    counter( ) { v=0; }
    counter operator++( );
    counter operator++(int );
```

```
    void print( ) { cout<<v<<endl; }
    private:
    unsigned v;
};
counter counter::operator ++ ( )
{
    v++;
    return *this;
}
counter counter::operator++ (int)
{
    counter t;
    t.v=v++;
    return t;
}
void main( )
{
    counter c;
    for(int i=0; i<8; i++)C++;
    c.print( );
    for(int i=0; i<8; i++)++c;
    c.print( );
}
```

运行结果:

```
8
16
-------------------------
Process exited with return value 0
Press any key to continue...
```

2.重载函数调用运算符

可以将函数调用运算符( )看成是下标运算[]的扩展。函数调用运算符可以带0个至多个参数。下面通过一个实例来熟悉函数调用运算符的重载。

```
#include <iostream.h>
class F
```

```
{
    public:double operator ( )(double x, double y) const;
};
double F::operator ( )(double x, double y) const
{
    return (x+5) *y;
}
void main( )
{
    F f;
    cout<<f(1.5, 2.2)<<endl;
}
```

运行结果如下：

```
14.3
-------------------------
Process exited with return value 0
Press any key to continue...
```

课 后 习 题

一、选择题

1. 在下列运算符中，不能重载的是(　　)。

A. ！　　B. sizeof　　C. new　　D. delete

2. 不能用友员函数重载的是(　　)。

A. ＝　　B. ＝＝　　C. ＜＝　　D. ＋＋

3. 下列函数中，不能重载运算符的函数是(　　)。

A. 成员函数　　B. 构造函数　　C. 普通函数　　D. 友员函数

4. 如果表达式＋＋i＊k时中的"＋＋"和"＊"都是重载的友元运算符，则采用运算符函数调用格式，该表达式还可表示为(　　)。

A. operator＊(i. operator＋＋( ),k)　B. operator＊(operator＋＋(i),k)

C. i. operator＋＋( ). operator＊(k)　D. k. operator＊(operator＋＋(i))

5. 已知在一个类体中包含如下函数原型：VOLUME operator－(VOLUME) const;下列关于这个函数的叙述中，错误的是(　　)。

A. 这是运算符－的重载运算符函数

B. 这个函数所重载的运算符是一个一元运算符

C. 这是一个成员函数

D. 这个函数不改变数据成员的值

6. 在表达式 x+y*z 中，+是作为成员函数重载的运算符，*是作为非成员函数重载的运算符。下列叙述中正确的是(　　)。

A. operator+有两个参数，operator*有两个参数

B. operator+有两个参数，operator*有一个参数

C. operator+有一个参数，operator*有两个参数

D. operator+有一个参数，operator*有一个参数

二、填空题

1. 运算符重载是对已有的运算符赋予________含义，使同一个运算符在作用于对象时导致不同的行为。运算符重载的实质是________，________是类的特征。

2. 可以定义一种特殊的类型转换函数，将类的对象转换成基本数据类型的数据。但是这种类型转换函数只能定义为一个类的函数，而不能定义为类的友元函数。________类类型转换函数既没有________，也不显式给出________。类类型函数中必须________的语句返回函数值。一个________类可以定义________类类型转换函数。

3. 运算符重载时，其函数名由________构成。成员函数重载双目运算符时，左操作数是________，右操作数是________。

三、编程题

1. 编写分数类 Fraction，使分数类能实现通常的分数+、-、*、/等运算。

2. 设向量 X=(x1,x2,…,xn)和 Y=(y1,y2…,yn)，它们之间的加、减分别定义为：

```
X+Y=(x1+y1,x2+y2,…,xn+yn)
X-Y=(x1-y1,x2-y2,…,xn-yn)
```

编写程序定义向量类 Vector，重载运算符“+”“-”“=”，实现向量之间的加、减和赋值运算；用重载运算符“>>”“<<”做向量的输入/输出操作。注意检测运算的合法性。

3. 定义一个类 nauticalmile_kilometer，它包含两个数据成员 kilometer(km)和 meter(m)，还包含一个构造函数对数据成员的初始化；成员函数 print 用于输出数据成员 kilometer 和 meter 的值；类型转换函数 double( )实现把千米和米转换为海里(1 mile=1852 m)。编写 main( )函数，测试类 nauticalmile_kilometer。

第12章　C++输入/输出流

因为C++兼容C,所以C中的输入/输出函数依然可以在C++中使用,但是如果直接把C的输入/输出搬到C++中肯定无法满足C++的需求。最重要的一点就是C中的输入/输出有类型要求,只支持基本类型,很显然这是没办法满足C++需求的,因此C++设计了易于使用的并且多种输入/输出流接口统一的IO类库,并且还支持多种格式化操作,以及自定义格式化操作。总体来说,C++有三种输入/输出流:第一种就是标准的输入/输出流;第二种是文件的输入/输出流;第三种是基于字符串的输入/输出流。C++引入IO流,将这三种输入/输出流接口统一起来,使用>>读取数据的时候,不用去管是从何处读取数据,使用<<写数据的时候也不需要管是写到哪里去。

12.1　标准输入/输出流

最常用的就是标准输出cout、标准输入cin以及标准错误输出cerr,这三个其实就是istream、ostream这两个类的全局实例。标准的输入/输出流也是我们使用最多的一种输入/输出流。前面说过,对于IO流来说可以支持自定义类型,通过给自定义类型重载标准输入/输出流可以让自定义类型支持IO流,通常这也是很方便实现的。下面给出一个具体的例子。

自定义类型Date的实现:

```
class Date
{
    public:
    Date(int year,int month,int day)
    :m_day(day),m_month(month),m_year(year){}
    ~Date(){}
    int getMonth() const{
    return m_month;
}
int getDay() const{
    return m_day;
```

```
    }
    int getYear() const{
        return m_year;
    }
        private:
        int m_day;
        int m_month;
    int m_year;
    };
```

上面是一个自定义类型，如何让其支持输入/输出流？需要对输出流进行重载，函数原型如下：

```
ostream& operator<<(ostream&os,const Date& d);
```

很显然这个函数不能是成员函数，因为第一个参数必须是输出流类 ostream，为了让输出流支持链式表达式，所以函数返回 ostream 的引用。如果要输入的数据是 Date 类的私有成员，可以将这个函数设置为 Date 类的友元函数，本文没有这样做，因为 Date 类已经将数据通过 public 接口输入了。下面是具体实现：

```
ostream& operator<<(ostream&os,const Date& d){
    charfillc=os.fill('0');
    os<<setw(2)<<d.getMonth()<<'-'<<setw(2)
    <<d.getDay()<<'-'<<setw(4)<<setfill(fillc)<<
d.getYear();
    return os;
}
```

上面使用了一些操作流的函数，下面会展开来讨论。至此，为自定义类型添加对输出流的支持就完成了。接下来看看如何重载标准输入流，实现如下：

```
istream& operator>>(istream&is,Date& d) {
    is>>d.m_month;
    char dash;
    is>>dash;
        if (dash!='-')
    is.setstate(ios::failbit);
    is>>d.m_day;
    is>>dash;
        if (dash!='-')
    is.setstate(ios::failbit);
```

```
    is>>d.m_year;
    return is;
}
```

输入流也很简单,同样它也不能是成员函数,但是这里的输入流必须是友元函数,因为直接对Date类的私有成员进行了操作,所以需要在Date类的开始处添加友元声明:

```
class Date
{
public:
    friend istream& operator>> (istream&is,Date& d);
}
```

至此,实现了输入流的重载。在输入流中用到了setstate函数,可以用来设置流的状态。C++给流设置了许多状态,不同的状态效果不同,在某些状态下将会导致输入/输出流无效。这里通过setstate函数将流设置为ios::failbit状态,这个状态将导致流不可用。因为这个输入流其实就是要求用户输入按照"—"分割的数字。例如,下面是合法的:

```
08—10—2003
8—10—2003
```

因为m_month、m_day、m_year都是整型,所以如果你输入的不是整型,那么同样也会导致流出现错误,并且会导致流的状态发生改变。下面就流的状态来谈谈对IO流操作的影响。

12.2　流的状态

C++一共有四种流的状态,这些流状态标志位都是ios类的成员。

badbit发生了致命性错误,流无法继续使用eofbit输入结束,文件流物理上结束了,或者是用户按下Ctrl+z或Ctrl+d结束failbitio操作失败,主要是操作了非法数据,流可以继续使用。C++同时也提供了一系列的函数用于测试这些状态位和操作状态位。

good():判断流是否是goodbit状态。

bad():判断流是否是badbit状态。

eof():判断流是否是eofbit状态。

fail():判断流是否是badbit或failbit状态。

clear():清除流的状态。

这些都是io流类的成员函数,无论是标准输入/输出流还是文件流或字符串流，都有这一系列的函数。那么流的状态到底在什么情况下会发生改变，每一种状态会对 io 流操作产生什么影响呢？下面来看一个例子。

```
int main( )
{
    int a=-1;
    cin>> a;
    cout<<"state:"<<cin.fail( ) <<endl;
    cout<<a <<endl;
}
```

代码很简单，就是从标准输入接收一个数值，然后打印流的状态。下面是在不同的输入情况下的输出结果。

```
$ ./a.out
1
state:0
1
$ ./a.out
q
state:1
0
$ ./a.out
state:1
-1
```

第一次输入了一个数字，正确被接收了，所以状态肯定不是 failbit。第二次输入了一个字符，所以 cin 会发生错误，流的状态会变成 failbit，所以流的状态测试结果是 true。但是一个意想不到的效果是 a 的值居然变成了 0。当 io 流接收到一个错误的值的时候，io 流会使用空值(0)来代替。第三次直接从键盘输入 Ctrl＋d 表示流结束，你会发现流的状态变成 failbit，正好对应上文，并且在这种情况下不会对接收变量做任何赋值操作。

12.3　处理流错误

在大部分情况下，流是很少会出现错误的。但是为了程序的健壮性，程序员可能需要使用测试流状态的函数去检测 io 流是否正常，因为 io 流出现在 C＋＋引入异常之前，所以错误处理方式仍是像 C 那样去检查错误码或者状态等来判断。因此，C＋＋一方面为了兼容早期的代码，另一方面为了迎合异常错误处理，所以在 io

流错误处理这块可以通过抛出异常来进行错误处理。方法如下：

```
#include <stdexcept>
#include <ostream>
#include <istream>
#include <sstream>
#include <iomanip>
#include <iostream>
using namespace std;
int main( )
{
    float a;
    cin.exceptions(ios::failbit);
    try {
        cin>>a; //接收了一个字符,触发了 fail
    } catch(conststd::ios_base::failure& fail) {
        cout<<"Get a error" <<endl;
        cout<<fail.what( ) <<endl;
    }
}
```

运行结果：

```
a
Get a error
basic_ios::clear
------------------------
Process exited with return value 0
Press any key to continue...
```

流的成员函数 exceptions( )用于获取/设置异常掩码。异常掩码是所有流对象保存的内部值,指定为哪些状态标志设置时抛出成员类型失败或某些派生类型的异常。

12.4　基于文件的输入/输出流

先看一段文件流使用的基本示列。

```
int main( )
{
```

```
    ifstream in("in.txt");
    ostream out("out.txt");
    constintsz=1024;
    charbuf[SZ];
    while(in.getline(buf,SZ)){
        out<<cp<<endl;
    }
}
```

对于文件输入/输出流来说，其使用方式和标准输入/输出流基本是一样的。getline 是一个按行读取的函数，当读取到指定大小的数据还没有遇到换行符就返回。如遇到 eof，getline 返回 false。如果对 C 语言中的文件输入/输出熟悉的话，可能会发现少了打开模式和定位的操作。其实不然，C++也是有的。下面分别介绍文件流的打开模式和流的定位操作。

文件流的打开模式：

ios::in 打开输入文件，使现存的文件不会被截断。

ios::out 打开输出文件，意味值是 ios::trunc 模式。

ios::app 打开文件，进行追加。

ios::ate 打开文件，指向文件末尾。

ios::trunc 打开文件，文件存在就截断旧文件。

ios::binary 按照二进制方式打开文件，默认打开为文本方式。

可以通过 ifstream 和 ostream 声明实例的时候添加第二个参数，这些打开模式还可以通过"|"操作符来进行组合。

12.4.1 文件流的定位

ios::beg:流的开始位置。

ios::cur:流的当前位置。

ios::end:流的末端位置。

通过流的 seekg 成员函数并传入定位的长度和定位的模式来进行 IO 流的定位操作。

下面是一个使用流定位的例子：

```
#include <iostream>
#include <sstream>
#include <fstream>
#include <iomanip>
#include <string.h>
```

```
#include <assert.h>
using namespace std;
/*
*流指针定位
*   ios::beg 流的开始位置
*   ios::cur 流的当前位置
*   ios::end 流的末端位置
*/
int main()
{
    cons.t int STR_NUM=5,STR_LEN=30;
    char origData[STR_NUM][STR_LEN]={
        "Hickory dickorydus....",
        "Are you tired of C++?",
        "Well,if you have,",
        "That's just too bad",
        "There's plenty more for us!"
    };
    char readData[STR_NUM][STR_LEN]={{ 0 }};
    ofstream out("poem.in",ios::out|ios::binary);
    for(int i=0; i <STR_NUM;i++)
    out.write(origData[i],STR_LEN); //可以使用 read,write 这
样的接口
    out.close();//流是可以显示关闭的
    ifstream in("poen.bin",ios::in|ios::binaray);
    in.read(readData[0],STR_LEN);
    assert(strcmp(readData[0],"Hickory dickorydbus...")==0);
    in.seekg(-STR_LEN,ios::end);
    in.read(readData[1],STR_LEN);
    assert(strcmp(readData[1],"There's plenty more for us!")
==0);
    in.seekg(3*STR_LEN);
    assert(strcmp(readData[2],"That's just too bad")==0);
    in.seekg(-STR_LEN*2,ios::cur);
    in.read(readData[3],STR_LEN);
```

```
    assert(strcmp(readData[3],"Well, if you have,")==0);
}
```

程序运行结果如下:

```
There's plenty more for us!
That's just too bad
Well, if you have
--------------------------
Process exited with return value 0
Press any key to continue...
```

12.4.2 IO 流缓冲

与 fopen、fread 系列函数一样,C++的输入/输出流也是有缓冲机制的,为了避免每次去调用系统来获取磁盘的数据,输入/输出流加入了缓冲机制,使用 streambuf 类进行了封装。streambuf 类提供了一个 rdbuf 成员函数,可以用来读取内部用来保存缓冲数据的私有成员。有了 rdbuf 成员函数就可以简单地完成很多事情,比如可以一次性读取整个文件的内容,而不需使用 getline 一行一行地读取了。

一个使用 rdbuf 的例子:

```
#include <fstream>
#include <iostream>
#include <ostream>
using namespace std;
int main()
{
    ifstream in("1.txt");
    ofstream out("1.out");
    out <<in.rdbuf(); //copy file 文件一行拷贝
    in.close();
    out.close();
    ifstream in2("1.out",ios::in|ios::out);
    ostream out2(in2.rdbuf());
    out2.seekp(0,ios::end);
    out2 <<"Where does this end up?";
    out2 <<"And what about this?";
    in2.seekg(0,ios::beg);
    cout<<in2.rdbuf();
```

```
}
```

运行结果：

```
Where does this end up? And what about this?
-------------------------
Process exited with return value 0
Press any key to continue…
```

12.5　基于字符串的输入/输出流

C++的字符串流与 C 语言的差别较大，C++中可以使用输入/输出操作符来操作字符串，基于字符串流可以实现像 C 语言使用 scanf 那样来分解输入参数，还可以格式化输出，以及字符串和数字之间的转换等。总之，字符串流功能强大，也是很多 C++新手较难掌握的。先来看一段使用字符串流的代码来分割参数的例子。

利用字符串流实现参数分割，比 fscanf 好用多了，同时也实现了字符串转数字的功能。

```
#include <cassert>
#include <cmath>
#include <iostream>
#include <limits>
#include <sstream>
#include <string>
using namespace std;
int main()
{
    istringstream s("47 1.414 This is a test"); //用户的输入
    int i;
    double f;
    s>>i>>f; //空白字符为分隔符输入
    assert(i==47);
    double relerr=(fabs(f)-1.414)  / 1.414;
    assert(relerr<=numeric_limits<double>::epsilon());
    string buf2;
    s>>buf2; //提取 this
    assert(buf2=="This");
    cout<<s.rdbuf();//输入
```

```
    cout<<endl;
}
```

程序运行结果如下：

```
is a test
-------------------------
Process exited with return value 0
Press any key to continue...
```

利用字符串输出流实现了 fprintf 的效果。

```
#include <iostream>
#include <sstream>
#include <string>
using namespace std;
int main( )
{
    cout<<"type an in ,a float and a string: ";
    int i;
    float f;
    cin>>i>>f;
    string stuff;
    getline(cin,stuff);
    ostringstream os;
    os<<"integer=" <<i <<endl;
    os<<"float=" <<f <<endl;
    os<<"string=" <<stuff <<endl;
    string result=os.str( );
    cout<<result <<endl;
}
```

程序运行结果如下：

```
type an in ,a float and a string: helo
integer=0
float=8.31897e+033
string=
-------------------------
Process exited with return value 0
Press any key to continue...
```

12.6　输出流的格式化

使用过printf函数的人应该都知道，printf可以根据输入格式化字符串来对输入进行格式化。C++的输入/输出流也同样可以对输出流进行格式化，并且相比printf更易于使用。下面介绍一些常用的输出流格式化操作。

一些开关标志：

ios∷skipws跳过空格（输入流的默认情况，会跳过输入的空格）。

ios∷showbase打印整型值时指出数字的基数，比如八进制输出的话就在前面加个0，十六进制输入就在前面加个0x。

ios∷showpoint显示浮点值的小数点并截断数字末尾的零。

ios∷uppercase显示十六进制数值时，使用大写A～F来代替。

ios∷showpos显示整数前的加号。

ios∷unitbuf单元缓冲区，每次插入后刷新流。

上面这类开关标志可以直接使用流的setf成员来设置，使用unsetf来取消。下面给出一些使用的基本示列：

```
int main( )
{
    int a=14;
    cout.setf(ios::showbase);
    cout.setf(ios::oct,ios::basefield);//设置按照几进制输出
    cout<<a <<endl;
}
```

ios::unitbuf是一个很值得探究的标志。如果这个标志没有开启，那么下面的代码在某些编译器上可能只存入部分字符。

```
int main( )
{
    ofstream out("log.txt");
    out.setf(ios::unitbuf);
    out<<"one" <<endl;
    out<<"two" <<endl;
    abort( );
}
```

1. ios::basefield 类

ios::dec 使用基数 10;

ios::hex 使用基数 16;

ios::oct 使用基数 8。

2. ios::floatfield 类

ios::scientific 按照科学计数显示浮点数;

ios::fixed 按照固定格式显示浮点数。

3. ios::adjustfield 类

ios::left 数值左对齐,使用填充字符右边填充;

ios::right 数值右对齐,使用填充字符左边填充;

ios::internal 数值中间对齐,左右填充。

这类格式化操作通过 setf 成员函数来设置,不过需要在第二个参数处填入格式化操作所属的类别。例如,cout. setf(ios::dec,ios::basefiled)还有一类格式化操作,用于设置宽带、填充字符、设置精度等。

```
ios::width( )
ios::width(int n)
ios::fill( )
ios::fill(int n)
ios::precision( )
ios::precision(int n)
```

不带参数的用于返回当前的宽带、填充字符和精度。带参数的用于设置宽度、填充字符和精度,返回的都是设置之前的值。这个部分使用起来还是很简单的,就不再举例了。有的时候使用 setf 成员函数来设置这些标志位很麻烦,C++提供了另外一种方式来设置输出格式化操作,比如 cout. setf(ios::showbase)可以变成 cout<<showbase,看起来简单多了。C++也可以自定义输出格式化操作。

课后习题

一、选择题

1. 要进行文件的输出,除了包含头文件 iostream 外,还要包含头文件( )。

A. ifstream B. fstream C. ostream D. cstdio

2. 执行以下程序:

```
char *str;
```

```
cin>>str;
cout<<str;
```

若输入 abcd 1234，则输出（　　）。

A. abcd　　B. abcd 1234　　C. 1234　　D. 输出乱码或出错

3. 执行以下程序：

```
char a[200];
cin.getline(a,200,'');
cout<<a;
```

若输入 abcd 1234，则输出（　　）。

A. abcd　　B. abcd 1234　　C. 1234　　D. 输出乱码或出错

4. 定义 char * p="abcd"，能输出 p 的值（"abcd"的地址）的为（　　）。

A. cout<<&p;　　B. cout<<p;

C. cout<<(char *)p;　　D. cout<<const_cast<void *>(p);

5. 以下程序执行结果为（　　）。

```
cout.fill('#');
cout.width(10);
cout<<setiosflags(ios::left)<<123.456;
```

A. 123.456###　　B. 123.4560000

C. ####123.456　　D. 123.456

6. 当使用 ifstream 定义一个文件流，并将一个打开文件的文件与之连接，文件默认的打开方式为（　　）。

A. ios::in　　B. ios::out　　C. ios::trunc　　D. ios::binary

7. 从一个文件中读一个字节存于 char *c；正确的语句为（　　）。

A. file.read(reinterpret_cast<const char *>(&c), sizeof(c));

B. file.read(reinterpret_cast<char *>(&c), sizeof(c));

C. file.read((const char *)(&c), sizeof(c));

D. file.read((char *)c, sizeof(c));

8. 将一个字符 char *c='A'写到文件中，错误的语句为（　　）。

A. file.write(reinterpret_cast<const char *>(&c), sizeof(c));

B. file.write(reinterpret_cast<char *>(&c), sizeof(c));

C. file.write((char *)(&c), sizeof(c));

D. file.write((const char *)c, sizeof(c));

9. 读文件最后一个字节（字符）的语句为（　　）。

A. myfile.seekg(1,ios::end);

B. myfile.seekg(-1,ios::end);c=myfile.get(); c=myfile.get();

C. myfile. seekp(ios::end,0);

D. myfileseekp(ios::end,1);c=myfile. get( ); c=myfile. get( );

10. read 函数的功能是从输入流中读取(　　)。

A. 一个字符　　B. 当前字符　　C. 一行字符　　D. 指定若干字节

二、填空题

1. 头文件________定义了 4 个标准流对象________、________、________、________。其中标准输入流对象为________,与键盘连用,用于输入;________为标准输出流对象,与显示器连用,用于输出。

2. 用标准输入流对象________与提取操作符________连用进行输入时,将空格与回车当作分隔符,使用 get( ) 成员函数进行输入时可以指定输入分隔符。

3. 每一个输入/输出流对象都维护一个流格式状态字,用它表示流对象当前的格式状态并控制流的格式。C++提供了使用________与________来控制流的格式的方法。

4. C++ 根据文件内容的数据格式可分为两类:________和________。前者存取的最小信息单位为字节,后者单位为结构体。

5. 文件输入是指从文件向内存________数据;文件输出则是指从内存向文件________数据。文件的输入/输出首先要打开文件,然后进行读写,最后关闭文件。

三、编程题

1. 编写一程序,将两个文件合并成一个文件。

2. 编写一程序,统计一篇英文文章中单词的个数与行数。

3. 编写一程序,将 C++ 源程序每行前加上行号与一个空格。

4. 编写一程序,输出 ASCⅡ码值从 20 到 127 的 ASCⅡ码字符表,格式为每行 10 个。

5. 定义一个 Student 类,包含学号、姓名、成绩数据成员。建立若干个 Student 类对象,将它们保存到文件 Record. dat 中,然后显示文件中的内容。

第 13 章　C++异常处理

异常是程序在执行期间产生的问题。

C++异常是指在程序运行时发生的特殊情况，如尝试除以零的操作。

异常提供了一种转移程序控制权的方式。C++ 异常处理涉及三个关键字：try、catch、throw。throw：当问题出现时，程序会抛出一个异常，这时通过使用 throw 关键字来完成。catch：在想要处理问题的地方，通过异常处理程序捕获异常。catch 关键字用于捕获异常。try：try 块中的代码标识将被激活的特定异常。它后面通常跟着一个或多个 catch 块。如果有一个块抛出一个异常，捕获异常的方法会使用 try 和 catch 关键字。try 块中放置可能抛出异常的代码，try 块中的代码称为保护代码。使用 try/catch 语句的语法如下：

```
try {
//保护代码
}catch( ExceptionName e1 ) {
// catch 块
}catch( ExceptionName e2 ){
// catch 块
}catch( ExceptionNameeN ){
// catch 块
}
```

如果 try 块在不同的情境下会抛出不同的异常，这个时候可以尝试罗列多个 catch 语句，用于捕获不同类型的异常。

13.1　抛出异常

可以使用 throw 语句在代码块中的任何地方抛出异常。throw 语句的操作数可以是任意的表达式，表达式结果的类型决定了抛出异常的类型。

以下是尝试除以零时抛出异常的实例：

```
double division(int a, int b){
    if(b==0 ) {
        throw "Division by zero condition!";
```

```
    }
    return (a/b);
}
```

13.2 捕获异常

catch 块跟在 try 块后面，用于捕获异常。可以指定想要捕捉的异常类型，这是由 catch 关键字后的括号内的异常声明决定的。

```
try {
    //保护代码
}catch( ExceptionName e ){
    //处理 ExceptionName 异常的代码
}
```

上面的代码会捕获一个类型为 ExceptionName 的异常。如果您想让 catch 块能够处理 try 块抛出的任何类型的异常，则必须在异常声明的括号内使用省略号"..."。

例如：

```
try {
    //保护代码
}catch(...) {
    //能处理任何异常的代码
}
```

下面是一个实例，抛出一个除以零的异常，并在 catch 块中捕获该异常。

```
#include <iostream>
using namespace std;
double division(int a, int b){
    if(b==0 ){
        throw "Division by zero condition!";
    }
    return (a/b);
}
int main ( ) {
    int x=50; int y=0; double z=0;
    try{
    z=division(x, y);
    cout<<z <<endl;
```

```
}catch (const char *msg){
    cerr<<msg<<endl;
  }
  return 0;
}
```

运行结果：

```
Division by zero condition!
-------------
Process exited with return value 0
Press any key to continue…
```

由于我们抛出了一个类型为 const char * 的异常，因此，当捕获该异常时，我们必须在 catch 块中使用 const char * 。

13.3　C++ 标准的异常

C++提供了一系列标准的异常，定义在〈exception〉中，我们可以在程序中使用这些标准的异常。它们是以父子类层次结构组织起来的。

13.4　定义新的异常

我们可以通过继承和重载 exception 类来定义新的异常。下面的实例演示了如何使用 std∷exception 类来实现自己的异常。

```
#include <iostream>
#include <exception>
using namespace std;
structMyException : public exception{
    const char *what ( ) const throw ( ) {
        return "C++Exception";
    }
};
int main( ) {
try{
    throw MyException( );
}catch(MyException& e) {
    std::cout<<"MyException caught"
```

```
        <<std::endl; std::cout<<e.what( ) <<std::endl;
    }catch(std::exception& e) {
    //其他错误
    }
}
```

这将产生以下结果：

```
MyException caught
C++ Exception
```

在这里，what( )是异常类提供的一个公共方法，它已被所有子异常类重载，这将返回异常产生的原因。注意：const throw( )不是函数，而称为异常规格说明，表示 what 函数可以抛出异常的类型。类型说明放在( )里，这里面没有类型，就是声明这个函数不抛出异常，通常函数不写后面的就表示函数可以抛出任何类型的异常。

13.5　异常规格说明

异常规格说明的目的是为了让函数使用者知道该函数可能抛出哪些异常。可以在函数的声明中列出这个函数可能抛出的所有异常类型。

例如：

```
void fun( ) throw(A,B,C,D);
```

(1) 若无异常接口声明，则此函数可以抛出任何类型的异常。

(2) 不抛掷任何类型异常的函数声明如下：

```
#include <iostream>
#include <exception>
using namespace std;
classMyException{
public:
    MyException(const char *message)
    : message_(message){
    cout<<"MyException..." <<endl;
    }
    MyException(constMyException&other)
        : message_(other.message_){
        cout<<"Copy MyException..." <<endl;
}
```

```
    virtual ~MyException(){
        cout<<"~MyException..." <<endl;
}
    const char *what() const{
        return message_.c_str();
}
private:
    string message_;
};
classMyExceptionD : public MyException{
public:
    MyExceptionD(const char *message)
    : MyException(message){
        cout<<"MyExceptionD..." <<endl;
}
    MyExceptionD(const MyExceptionD&other)
        : MyException(other){
        cout<<"Copy MyExceptionD..." <<endl;
}
~MyExceptionD(){
        cout<<"~MyExceptionD..." <<endl;
    }
};
void fun(int n) throw (int, MyException, MyExceptionD){
    if (n==1){
        throw 1;
}else if (n==2){
        throw MyException("test Exception");
}else if (n==3){
        throw MyExceptionD("test ExceptionD");
    }
}
void fun2() throw(){}
int main(void){
    try{
```

```
        fun(2);
    }catch (int n){
        cout<<"catch int..." <<endl;
        cout<<"n=" <<n <<endl;
    }catch (MyExceptionD&e){
        cout<<"catch MyExceptionD..." <<endl;
        cout<<e.what() <<endl;
    }catch (MyException&e){
        cout<<"catch MyException..." <<endl;
        cout<<e.what() <<endl;
    }
    return 0;
}
```

程序运行结果如下：

```
MyException...
catch MyException...
test Exception
~MyException...
-------------------------
Process exited with return value 0
Press any key to continue...
```

课后习题

一、选择题

1. 下列关于异常的叙述错误的是(　　)。

A. 编译错属于异常，可以抛出

B. 运行错属于异常

C. 硬件故障也可当异常抛出

D. 只要是编程者认为是异常的都可当异常抛出

2. 下列叙述错误的是(　　)。

A. throw 语句必须书写在语句块中

B. throw 语句必须在 try 语句块中直接运行或通过调用函数运行

C. 一个程序中可以有 try 语句而没有 throw 语句

D. throw语句抛出的异常可以不被捕获

3. 关于函数声明 float fun(int a,int b) throw,下列叙述正确的是(　　)。

A. 表明函数抛出float类型异常　　B. 表明函数抛出任何类型异常

C. 表明函数不抛出任何类型异常　　D. 表明函数实际抛出的异常

4. 下列叙述错误的是(　　)。

A. catch(…)语句可捕获所有类型的异常

B. 一个try语句可以有多个catch语句

C. catch(…)语句可以放在catch语句组的中间

D. 程序中try语句与catch语句是一个整体,缺一不可

5. 下列程序运行结果为(　　)。

```
#include<iostream>
using namespace std;
class S{
public:
    ~S(){cout<<"S"<<"\t";}
};
char fun0(){
    S s1;
    throw('T');
    return '0';
}
void main(){
    try{
        cout<<fun0()<<"\t";
}catch(char c){
        cout<<c<<"\t";
    }
}
```

A. S T　　B. O S T　　C. O T　　D. T

二、填空题

1. C++程序将可能发生异常的程序块放在________中,紧跟其后可放置若干个对应的________,在前面所说的块中或块所调用的函数中应该有对应的________,由于它在不正常时抛出异常,如果与某一条________类型相匹配,则执行该语句。该语句执行完之后,如果未退出程序,则执行________。如果没有匹配的语句,则交给C++标准库中的________处理。

2. throw 表达式的行为有些像函数的________，而 catch 子句则有些像函数的________。函数的调用和异常处理的主要区别在于：建立函数调用所需的信息在编译时已经获得，而异常处理机制要求运行时的支撑。对于函数，编译器知道在哪个调用点上函数被真正调用；而对于异常处理，异常是________发生的，并沿________异常处理子句，这与________多态是________。

三、编程题

1. 以 String 类为例，在 String 类的构造函数中使用 new 分配内存。如果操作不成功，则用 try 语句触发一个 char 类型异常，用 catch 语句捕获该异常。同时将异常处理机制与其他处理方式对内存分配失败这一异常进行处理对比，体会异常处理机制的优点。

2. 定义一个异常类 Cexception，有成员函数 reason( )，用来显示异常的类型。定义一个函数 fun1( )触发异常，在主函数 try 模块中调用 fun1( )，在 catch 模块中捕获异常，观察程序执行流程。

参考文献

[1] 郭炜.新标准C++程序设计[M].北京:高等教育出版社,2016.

[2] 田秀霞.C++高级程序设计[M].2版.北京:清华大学出版社,2016.

[3] 传智播客高教产品研发部.C++程序设计教程[M].北京:人民邮电出版社,2015.

[4] 王梅.C++程序设计[M].北京:北京邮电大学出版社,2012.

[5] 许华,张静,崔宁,等.C++程序设计项目教程[M].北京:北京邮电大学出版社,2012.

[6] 龚晓庆,付丽娜,朱新懿.C++面向对象程序设计[M].北京:清华大学出版社,2011.

[7] 郑莉,董渊.C++语言程序设计[M].北京:清华大学出版社,2010.

[8] 刘厚泉,董渊,何江舟.C++程序设计基础教程[M].北京:清华大学出版社,2010.

[9] 瞿绍军,刘宏.C++程序设计教程[M].武汉:华中科技大学出版社,2010.

[10] 李鹏程.C++宝典[M].北京:电子工业出版社,2010.

[11] 皮德常.C++程序设计教程[M].北京:机械工业出版社,2009.

[12] 谭浩强.C++程序设计[M].北京:清华大学出版社,2004.

[13] Stanley B. Lippman,Joscc Lajoic,Barbare E. Moo. C++ Primer[M].4版.李师贤,译.北京:清华大学出版社,2000.